Das Design Sprint Handbuch

Autoren

Jana Noack, Jahrgang 1980, studierte Publizistik- und Kommunikationswissenschaften, Englische Philologie und Neuere Deutsche Literatur an der FU Berlin. Nach verschiedenen journalistischen Engagements widmete sie sich der Unternehmenskommunikation und ab 2011 der Führung von Unternehmen auf den Feldern der Informations- und Kommunikationstechnologie und angrenzender Dienstleistungen. Hauptaugenmerk ihrer Arbeit liegt dabei auf alternativen Führungstechniken und dem Aufbau innovationsaffiner Unternehmen, die aus sich heraus und mit ihren Kunden wachsen. Seit 2017 coacht sie Teams rund um ihre Innovationsprozesse, moderiert Design Sprints für Unternehmen und gibt Trainingskurse für angehende Design Sprint Master.

José Díaz, Jahrgang 1964, studierte Elektrotechnik und Allgemeine Informatik an der Polytechnischen Universität von Las Palmas auf Gran Canaria und an der Technischen Fachhochschule Berlin. Nach ersten Engagements als Consultant gründete er 1998 seine eigene, bis heute durch ihn geführte Unternehmensberatung in Berlin, gab mehrere Zeitschriften und ein Buch zu den Themen Innovationen, Softwareentwicklung und Qualitätssicherung heraus und rief Branchenkongresse wie die Agile Testing Days ins Leben, die regelmäßig hunderte Community-Mitglieder aus aller Welt zusammenbringen. Agile Vorgehensweisen und sich selbst managende innovative Unternehmen sind sein Spezialgebiet. Seit 2016 moderiert er Design Sprints für Unternehmen und gibt Trainingskurse für angehende Design Sprint Facilitators auf der ganzen Welt.

Beide Autoren leiten gemeinsam die trendig technology services GmbH in Berlin. Zusammen mit der Zertifizierungsorganisation Brightest und weiteren Beteiligten haben sie 2018 den Abschluss zum Certified Design Sprint Master ins Leben gerufen.

Designerin

Natalia González ist erfahrene Designerin und lebt in Berlin. Seit ihrem Studium der Bildenden Kunst, des Designs und der Art Direction hat sie an vielen verschiedenen Projekten in den Welten des Designs und der Werbung mitgewirkt. Sie arbeitet derzeit als UX- und UI-Designerin bei der trendig technology services GmbH und ist dort überwiegend auf Onlinedesign spezialisiert. Zu einem guten Offlineprojekt würde sie allerdings nie Nein sagen und hat daher mit großer Leidenschaft den Text der Autoren zu visuellem Leben erweckt.

Jana Noack • José Díaz

Das Design Sprint Handbuch

Ihr Wegbegleiter durch die Produktentwicklung

dpunkt.verlag

Jana Noack • José Díaz

Lektorat: Melanie Feldmann
Lektoratsassistenz: Anja Weimer
Korrektorat: Sandra Gottmann, Münster-Nienberge
Satz: Ulrich Borstelmann, *www.borstelmann.de*
Herstellung: Stefanie Weidner
Umschlaggestaltung: Helmut Kraus, *www.exclam.de* (unter Verwendung eines Fotos des Autors)
Druck und Bindung: mediaprint solutions GmbH, 33100 Paderborn

Bibliografische Information der Deutschen Nationalbibliothek
Die Deutsche Nationalbibliothek verzeichnet diese Publikation in der Deutschen Nationalbibliografie;
detaillierte bibliografische Daten sind im Internet über *http://dnb.d-nb.de* abrufbar.

ISBN:
Print   978-3-86490-656-5
PDF   978-3-96088-745-4
ePub   978-3-96088-746-1
mobi   978-3-96088-747-8

1. Auflage 2019
Copyright © 2019 dpunkt.verlag GmbH
Wieblinger Weg 17
69123 Heidelberg

Hinweis:
Der Umwelt zuliebe verzichten wir auf die Einschweißfolie.

Schreiben Sie uns:
Falls Sie Anregungen, Wünsche und Kommentare haben, lassen Sie es uns wissen: hallo@dpunkt.de.

5 4 3 2 1 0

Inhalt

3 Der Sprint   64

Vorwort

Schön, dass Sie das Abenteuer mit uns wagen!

Wir freuen uns sehr, dass Sie sich für unser Handbuch entschieden haben und uns vertrauen, dass wir wissen, wovon wir reden. Für uns sind Design Sprints nicht irgendein Framework, es ist *unser* Framework geworden, mit dem wir bevorzugt an komplexe Herausforderungen herangehen, Ideen entwickeln und validieren. Als Unternehmensmanager und Coaches haben wir in jahrzehntelanger Erfahrung ein Gefühl dafür entwickelt, wie wir Innovationsvorhaben begleiten sowie Erwartungen und Kundenwünsche zu digitalen und analogen Produkten und Dienstleistungen erfüllen helfen können. Und wie sich Hindernisse, die sich auf dem Weg dorthin zeigen, ausräumen lassen. Sicherlich können mit einem Sprint nicht alle Probleme gelöst werden. Aber es gibt wenige, bei denen ein Sprint nicht frische Ideen und Erkenntnisse liefern kann. Wir haben mittels Design Sprints schon mit zahlreichen Unternehmen die analoge Produktpalette um digitale neue Dienstleistungen erweitert, Onboarding-Prozesse für

Kunden und neue Mitarbeiter revolutioniert, komplexe Websites in anziehende Schaufenster und serviceorientierte Soforthelfer umgewandelt und Geschäftsräume sowie Praxen in kundenfreundliche Wohlfühlorte verwandelt, in denen der Mensch und nicht die Funktionalität im Vordergrund steht. Wir haben aus ressourcenfressenden Prozessen in hierarchischen Unternehmen zielführende schlanke Abläufe generiert und zukünftige High-End-Geräte und Applikationen über geschicktes Prototyping für Kunden begreifbar gemacht. Dies sind nur ein paar Beispiele, um Ihnen zu zeigen, bei welchen Herausforderungen Ihnen ein Design Sprint helfen kann.

Mit diesem Buch können Sie es selbst in die Hand nehmen, vage Ideen ressourcenschonend auszuprobieren und bewertbar umzusetzen. Design Sprints sind gemacht, um Neues zu (er-)finden, Bewährtes zu verbessern und vielleicht Unnützes wegzulassen. Auf jeden Fall, um Ideen auf ihre Tauglichkeit für Nutzer zu testen. Echte Innovationen also, mit denen Sie und Ihre Mitarbeiter die Möglichkeit haben, effizienter und zufriedener zu arbeiten oder mit denen Ihr Unternehmen einen neuen Weg beschreitet, um seine Kunden zu begeistern.

Wir wünschen Ihnen viel Spaß beim Lesen, viele neue Erkenntnisse und vor allem viel Erfolg beim Umsetzen Ihrer Design Sprints. Als Evangelisten beständigen Weiterlernens würden wir uns natürlich freuen, wenn Sie uns an Ihren Erfahrungen teilhaben lassen. Schreiben Sie uns einfach an *designsprint@trendig.com*.

Herzlichst
Jana Noack und José Díaz

Für wen eignet sich dieses Buch?

In Kundenprojekten und in unseren Trainingskursen haben wir immer wieder die Nachfrage bekommen, ob wir nicht den ersten eigenen Sprint unserer Trainingsteilnehmer begleiten könnten. Oder ob man nicht einen zweiten Kurs sicherheitshalber anschließen könnte, bei dem sich der frisch ausgebildete Sprint Master, mit dessen Leitung der Sprint steht und fällt, in geschützter Atmosphäre noch einmal Schritt für Schritt praktisch ausprobiert. Oder ob wir bei einem besonders heiklen Kundenauftrag co-moderieren könnten, denn man wisse nicht, ob die bisherigen Sprints genügend Erfahrung gebracht haben, um diesen schwierigen Sprint souverän anleiten zu können. Dem tragen wir mit diesem Buch Rechnung: Wir wollen sinnvoll eine praktisch-konkrete Hilfestellung bieten, wenn Sie sich bereits entschlossen haben, selbst Sprint Master zu sein, und einen verlässlichen Backup neben sich gut gebrauchen können; einen Sherpa für Ihre Sprint-Achttausender.

Unser Design-Sprint-Handbuch ist daher ein Leitfaden für jeden Sprint Master, egal ob Einsteiger, Gelegenheits-Sprinter oder angehenden Vollzeitprofi. Denn bevor man in einen Sprint startet, muss man sich als Sprint Master ein solides Gerüst zurechtlegen, dem man im Sprint folgt. Daher bilden wir so strukturiert wie irgend möglich die Arbeitsschritte des Sprints ab, an denen sich der Sprint Master entlangbewegen kann. Ein reales Beispiel soll es dem Leser ermöglichen, jeden einzelnen Schritt detailliert nachvollziehen zu können. Checklisten, Tipps und Hacks ergänzen dabei die Erläuterungen. Ziel unseres Handbuchs ist es, den Sprint Master so zu unterstützen, dass nichts vergessen wird und manches Problem oder Hindernis schnell erkannt und abgewendet werden kann. Das zeit- und energieintensive Sprinten darf nicht an die Substanz gehen – weder für den Sprint Master selbst noch für das Sprint-Team.

Hinweise zu Gliederung und Arbeitsweise

Das Buch gliedert sich in drei wesentliche Bereiche: die Zeit *vor* dem Sprint, den *Sprint* selbst und die Zeit *nach* dem Sprint. Der Sprint selbst hat fünf Phasen. Sie haben es als Sprint Master in der Hand, die Ihnen zur Verfügung stehende Zeit auf diese insgesamt sieben Bereiche zu verteilen, je nachdem, in welchem Stadium sich Ihr Projekt befindet und wie viel Zeit Sie auf die verschiedenen Phasen verwenden möchten. Wir machen Ihnen für jede Phase strikte Stundenplanvorgaben, denn wir wissen, dass man als Sprint Master am besten mit einem festen Gerüst startet, das erprobt ist und verlässlichen Halt in jeder Situation bietet. Ein großer Teil der Sprint-Dynamik kommt genau erst durch die strengen Zeitvorgaben zum Tragen. Umso mehr Sprints Sie selbst durchführen, desto leichter wird Ihnen das Einhalten der Limits fallen und trotzdem werden Sie freier in der Gestaltung werden, zeitlich wie auch inhaltlich, weil Sie durch Ihre Erfahrung Ihr Team dann intuitiver leiten.

Nach der Stundenplan-Übersicht für die jeweilige Phase erklären wir jede einzelne dazugehörige Übung ausführlich, damit Sie genau verstehen, wie und warum Sie welchen Schritt gemeinsam mit Ihrem Team durchführen. Am Ende jeder dieser Beschreibungen geben wir Ihnen eine Kurzübersicht über das Zeitlimit, die benötigten Klebepunkte und was Sie am Ende des Schritts erarbeitet haben sollten. So haben Sie im Sprint selbst einen Spickzettel, auf den ein kurzer Blick genügt, um sich schnell zu orientieren. Dazu finden Sie jeweils noch eine Illustration oder genaue Beschreibung des Schrittes anhand eines fiktiven Beispiels, das wir durch das ganze Buch hindurch beibehalten: Wir haben uns für eine Schulküche entschieden, die den Namen Cookidadido trägt. Dieses Beispiel soll es Ihnen erleichtern, unseren theoretischen Ausführungen zu den einzelnen Sprint-Übungen zu folgen. Wir gehen davon aus, dass fast jeder Leser schon einmal in einer Kantine oder Schulküche gegessen hat und eine ungefähre Vorstellung von den dahinterliegenden Unternehmensprozessen und den Wünschen der direkten Kunden an das Unternehmen hat. Sie wissen als Sprint Master zu Beginn bisher wenig über das Unternehmen – weder ob das Essen schmeckt, das Unternehmen rentabel arbeitet oder die Website die Schulküchenesser anspricht. Stück für Stück erhellt sich aber parallel zur Lektüre der Sprint-Phasen das Gesamtbild für Sie. Lassen Sie sich auf das Abenteuer ein, es entspricht teilweise den Überraschungen, die auch ein echter Sprint für den Sprint Master bereithält. Am Ende jeder Sprint-Phase erhalten Sie von uns dann noch weitere Tipps und Vorgehensweisen, die sich in unseren Sprints bewährt haben, die Ihnen in der ein oder anderen Situation helfen können.

Zwischen den Erläuterungen finden Sie immer wieder Freiraum für eigene Notizen. Notieren Sie sich hier Dinge, die Ihnen bei Ihrer Moderation helfen, oder Anregungen Ihrer Teilnehmer, die Sie im nächsten Sprint berücksichtigen möchten. Oder kritzeln Sie in freien Minuten Ihre Gedanken in Ihr Arbeitsbuch – es würde uns sehr freuen, wenn das Handbuch Ihr ganz persönlicher Begleiter wird.

Noch zwei Anmerkungen zum Schluss: Sie finden viele englische Bezeichnungen in diesem Buch, die wir nicht übersetzt haben. Wir mögen diese deutsch-englische Mischung auch nicht wirklich, aber in unserer Arbeit sind wir mittlerweile zu der Überzeugung gelangt, dass jeder Sprinter unbedingt die in der Sprint-Gemeinschaft verwendeten Begriffe kennen und selbst nutzen sollte. Es ist eine gemeinsame Sprache entstanden, auf deren Basis sich das Design-Sprint-Framework weiterentwickelt. Ein »Sprint Globish« sozusagen, zu dem Sprinter auf der ganzen Welt ihre unterschiedlichen Erfahrungen beitragen. Es nützt Ihnen nichts, wenn wir uns eine tolle Übersetzung für jeden Begriff ausdenken, den dann keiner außer den deutschsprachigen Lesern unseres Buches kennt. Außerdem haben wir

selbst viele Übersetzungen von Sprint-Büchern gelesen und finden einige Übersetzungen nicht nah genug an der Bedeutung des Originals, weil sie das Wesentliche der Übung nicht mehr pointiert benennen oder deren Inhalt gar nicht wirklich Rechnung tragen. Das wollen wir unbedingt vermeiden. Daher geben wir Ihnen, wenn wir das für nötig empfinden, eine möglichst genaue Übersetzung der Bedeutung nach an die Hand, operieren aber ansonsten überwiegend mit den englischen Begriffen.

Außerdem liegt uns am Herzen zu betonen, dass wir auch gender-neutral schreiben, also ausdrücklich hinter jeder Sprint-Rollenbezeichnung alle Geschlechter integriert wissen wollen. Für Begriffe wie »das Teammitglied«, die den sächlichen Artikel tragen, ist das in unserer deutschen Muttersprache schon recht selbstverständlich. Bei Rollenbezeichnungen wie »der Entscheider«, die zum einen mit dem männlichen Artikel und zum anderen auch noch bestimmend daherkommen, lässt sich das nicht für jeden Leser gleichverständlich geschlechterneutral lesen. Wir haben beim Schreiben zunächst versucht, immer von dem/der Entscheider/in zu sprechen und auch für alle anderen Teamrollen-Bezeichnungen so zu verfahren, aber es stört in unserer komplexen Materie extrem den Lesefluss und würde zudem auch nicht den neuesten Forschungen entsprechend weitere Geschlechter einbeziehen. Auch Wortschöpfungen wie Entscheiderix sind nicht geeignet, hier zu mehr Klarheit zu führen. Und so bleibt uns nur, an dieser Stelle zu betonen, dass wir gerade aus der Diversität von Teams in unseren Sprints viel Stärke und Souveränität ziehen. Somit seien Sie versichert: Egal welchen Artikel und welches grammatische Geschlecht eine Rollenbezeichnung in diesem Buch trägt, wir sprechen Sie und Ihre Teammitglieder und Ihre Kunden als Menschen an.

Sind Sie bereit, sich auf das Abenteuer Sprint einzulassen? Wir wünschen Ihnen viel Spaß und jede Menge wertvolle Erkenntnisse in ereignisreichen Sprint-Wochen.

1 Einleitung: Design Sprints als Innovationsmethode

Innovationen stellen sich in starren Strukturen und auf bestehende Geschäftsprozesse und Absicherung ausgerichteten, prozess- und hierarchiebestimmten Unternehmen selten ein. Design Sprints sind aus dem Wunsch heraus entstanden, innovative Produkte und Lösungen schnell zu entwickeln und trotzdem weiter risikoarm zu arbeiten und institutionalisierte Erfolg versprechende Prozesse nicht aufzugeben. Ein schwieriger Spagat. In vielen traditionell gewachsenen Unternehmen sieht Produktentwicklung wie folgt aus: Es wird zu Beginn definiert, wie das Ergebnis aussehen sollte, um im Sinne eines ausgefeilten Masterplans jede Entwicklungsstufe im Voraus zu denken. Sucht man aber nach radikaleren, disruptiven Veränderungen, funktioniert dieses Vorgehen nicht. Für echte Innovationen ist man innerhalb solcher Strukturen darauf angewiesen, dass sogenannte Querdenker und Freigeister gute Ideen bis in die Chefetagen vorbringen und dort nicht an Risiko-Minimierungsstrategien, KPIs, strengen Prozessvorgaben, Controlling-Schranken und Budget-Vorgaben scheitern. Wegbereiter innovativer Unternehmen waren daher solche, die frühzeitig allen Mitarbeitern kalkuliert Freiräume schufen, um einen Teil ihrer Arbeitszeit auch auf Andersdenken und somit potenziell innovative Ideen verwenden zu können. Die eine Fehlerkultur etablierten, bei der fehlgeschlagene Versuche als willkommene Lernerfahrungen positiv ernst genommen und nicht sanktioniert wurden.

Dass man zunächst Möglichkeiten schaffen muss, auch wenn daraus noch keine Wahrscheinlichkeiten resultieren, setzte sich als Erkenntnis zunächst im Start-up-verbundenen kalifornischen Silicon Valley durch und sickerte erst später auch in europäische Neugründungen durch. Innovationsfreundliches Unternehmens- und Produktmanagement heißt im Wesentlichen, mit hohen Unsicherheiten im Projektverlauf umgehen, die Chancen stärker in den Blick rücken und Risiken trotz Minderungsstrategien bewusst in Kauf nehmen. Beständiger Wandel wird dabei zum integralen Bestandteil allen Handelns. In jeder Andersartigkeit kann eine Chance liegen, muss aber nicht. Erst der Versuch zeigt, ob die Veränderung innovatives Potenzial hat oder nicht. Fehler werden nicht vermieden, sondern im Gegenteil als »Trial and Error«, also »Versuch und Irrtum«, mantraartig als Grundbaustein der Arbeitsweise kultiviert. Einzelne Prozessschritte werden ständig wiederholt und variiert, um sich schrittweise einer Lösung anzunähern. In diesen kurzen Ite-

rationszyklen können so konkrete Arbeitsergebnisse erzielt und umgehend auf ihre Tauglichkeit geprüft werden. Die Testergebnisse weisen schnell den Weg zurück zur Verbesserung oder weiter zur nächsten Teilaufgabe. Dies wird meist als Dreiklang aus »build, measure, learn«, also »erstellen, messen, daraus lernen« bezeichnet.

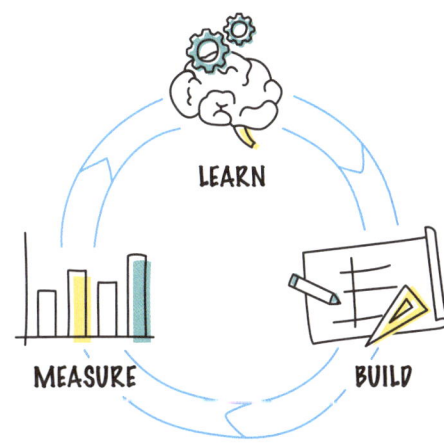

In innovativen Schaffensprozessen wird der Verbesserungskreislauf aus erstellen, messen und daraus lernen beständig wiederholt.

Darüber hinaus gelten drei Maßstäbe, an denen sich alle Innovationsvorhaben messen lassen müssen: Die Innovation muss von potenziellen Nutzern erwünscht sein, die aktuelle Technologie muss eine Realisierung möglich machen und das zugehörige Geschäftsmodell muss wirtschaftlich tragfähig sein: Wünschbarkeit (Mensch), Machbarkeit (Technologie), Wirtschaftlichkeit (Business).

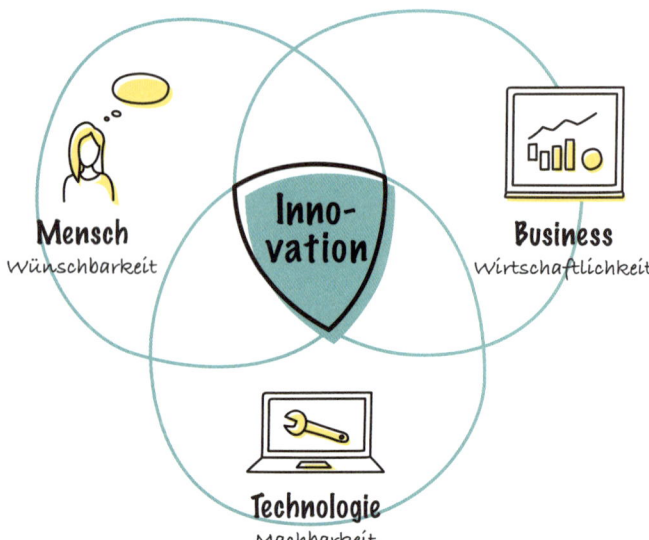

Innovationen entstehen, wenn die Anforderungen aus drei Sphären Erfüllung finden und damit Technologien in der Lage sind, wirtschaftlich sinnvoll Nutzerwünsche zu erfüllen.

Idealerweise setzt man verschiedene Innovationsmethoden nacheinander ein. Je konkreter die Idee sich im Laufe des Entwicklungsprozesses formiert, desto hilfreicher sind die unterschiedlichen Vorgehensweisen: Design Thinking, die Lead-User-Methode oder die Blue-Ocean-Strategie zum Beispiel haben ihren Fokus auf dem Ideenentwicklungsprozess. Je weiter der Entwicklungsprozess fortschreitet, desto weiter bewegt man sich auf umsetzungsorientierte Vorgehen wie Lean-Ansätze und Kanban zu, in der Softwareentwicklung hat Scrum bereits eine weite Verbreitung gefunden. Beim Business Model Canvas wird eher am Ende des Prozesses konkret eine Geschäftsidee durchgeplant. Es gibt inzwischen eine so große Zahl an Vorgehensweisen, dass wir damit ein eigenes Buch füllen und selbst dann keinen Anspruch auf Vollständigkeit erheben könnten. Daher haben wir Ihnen hier nur einige Stichwörter gegeben, zu denen Sie sich gezielt weiter informieren können. Wir gehen im Folgenden auf die zwei Strömungen ein, aus denen sich die Design-Sprint-Methode im Wesentlichen speist: Design Thinking und agile Produktentwicklungsmethoden.

Grundlage für Design Sprints: Design Thinking und agile Methoden

Design Thinking steht ganz am Anfang der Produktentwicklung und ist eher eine Grundhaltung als eine Methode. Kern des Design-Thinking-Ansatzes ist die konsequente Orientierung allen innovativen Handelns auf den Nutzen des Kunden. Die von der Firma IDEO entwickelte und von der Stanford-Universität und dem deutschen Hasso-Plattner-Institut geprägte Methodik setzt auf fünf bzw. sechs Phasen, die das eher offene, kreative Erarbeiten eines Lösungsdesigns nur lose strukturieren: Verstehen, Beobachten, Sichtweise definieren, Ideen finden, Prototyp entwickeln und Testen. Der Prozess kann Tage, aber auch Monate dauern. Eine Vorgabe hierzu existiert nicht. Das Hin- und Herspringen zwischen den einzelnen Schritten und immer wieder erneutes Ansetzen sind dabei ausdrücklich erwünscht. Das Entwickeln und Verwerfen vieler unterschiedlicher Ideen, also frühes und häufiges Scheitern, soll viele kleine Lernmomente ermöglichen, die dem Entwicklungsteam einer schlüssigen, auf

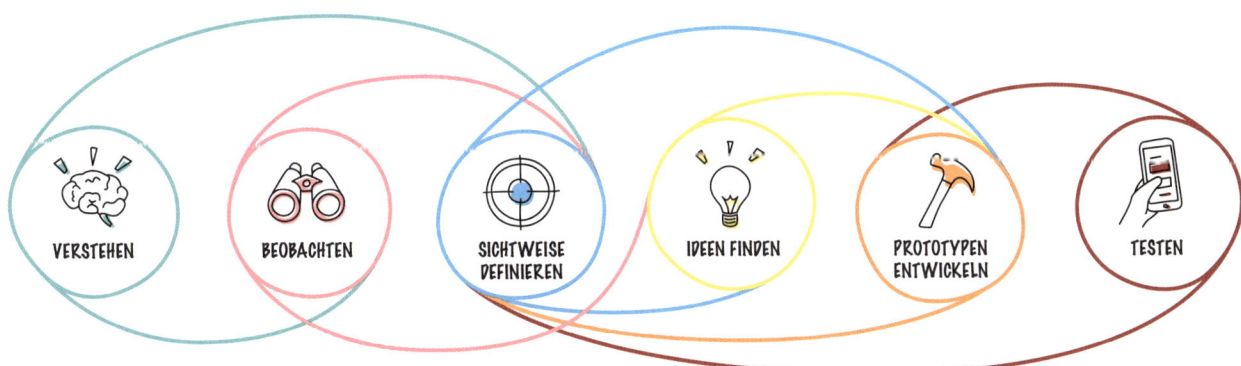

Beim Design Thinking begibt sich das Team in die Rolle eines Nutzers und versucht, aus dessen Perspektive heraus Lösungen zu finden. Der Arbeitsprozess mit vielen iterativen Schleifen ist nach Definition des Hasso-Plattner-Instituts der Universität Potsdam in sechs Phasen unterteilt.

dem Entwicklungsweg schon durch Kunden immer wieder validierten Lösung näherbringen. Beobachten, Gestalten, Überprüfen und Lernen werden in sich immer weiter verfeinernden Iterationen vollzogen. Problemstellungen sollen durchdrungen, möglichst viele Ideen gesammelt, potenzielle Lösungen schnell gefunden und in ersten Versionen implementiert werden.

Interdisziplinäre Teams sind ein weiterer Schlüssel für die erfolgreiche Anwendung des Design Thinking für das Finden und Validieren außergewöhnlicher, nutzerorientierter Lösungsideen. Dabei zeichnen sich die Teammitglieder am besten sowohl durch unterschiedliche fachliche Hintergründe und berufliche Qualifikationen aus als auch durch ungleiche soziokulturelle Lebenserfahrungen und Offenheit für die Lebenswirklichkeiten anderer.

Auf interdisziplinären Teams und in kurzen Abständen aufeinanderfolgenden Iterationen beruhen auch agile Methoden wie Lean-Ansätze, DevOps oder Scrum – mit unzähligen aus der Praxis heraus entwickelten Ausprägungen. Sie werden in verschiedenen Unternehmensbereichen angewandt, haben sich aber besonders in der Softwareentwicklung etabliert. Sie sind aus dem Wunsch erwachsen, dass Teams sich selbst steuern können, um schnell und effektiv auf sich ändernde Gegebenheiten reagieren zu kön-

nen. Agile Prozesse sind außerdem gekennzeichnet durch: kooperative Arbeit, zyklisches, iteratives Vorgehen auf allen Ebenen, kurze Planungs- und Entwicklungsphasen, eine Balance zwischen Struktur und Flexibilität sowie häufige Rückkopplungsprozesse. Scrum ist dabei eine der am weitesten verbreiteten Vorgehensweisen: Zu Projektbeginn wird gemeinsam eine Vision formuliert, der man sich durch die Entwicklung kleiner Teilstücke in inkrementellen Schleifen nähert. Zwischenzeitlich wird immer wieder das Feedback der Auftraggeber eingeholt, um die eingeschlagene Richtung zu überprüfen und eventuelle neu ersichtliche Anforderungen miteinzubeziehen. Diese aufeinanderfolgenden kurzen Entwicklungsphasen werden Sprints genannt. Nach jeder Iteration werden die im aktuellen Sprint hinzugekommenen Funktionen ausführlich getestet und anschließend in einem Sprint Review dem Product Owner als Kundenvertreter sowie allen interessierten Stakeholdern präsentiert und Feedback eingesammelt. Der Produktnutzen kann so jeweils unmittelbar validiert werden. Wertvolles Feedback wird so schon im Projektverlauf ständig berücksichtigt und eingearbeitet. Zur Optimierung des Kundennutzens werden Anforderungen nach Möglichkeit so realisiert, dass Funktionen mit dem größten Kundenmehrwert zuerst umgesetzt werden. Außerdem werden Kosten und Zeit im agilen Projektmanagement als fix betrachtet, wodurch das bestmögliche Ergebnis innerhalb des gesteckten Rahmens zum Projektende erreicht sein soll und früher fast als selbstverständlich betrachtete Budgetüberschreitungen vermieden werden können. Zudem sollen Scrum und andere agile Methoden die Produkteinführung schneller ermöglichen, die Qualität des Produktes steigern, die Projektrisiken durch Fehlplanungen verringern und die Moral im Team verbessern. Alle diese beschriebenen Best-Practice-Vorgehen werden in Design Sprints zu einem einzigen Framework verdichtet.

Definition: Was ist ein Design Sprint?

Design Sprints sind eine von einem Sprint Master geführte, an strenge Zeitvorgaben gebundene feste Abfolge von Übungen, die ein interdisziplinäres Team zur fokussierten Lösung eines Problems in hoher Geschwindigkeit durchläuft. Aus einer Vielzahl diverser Ideen wird dabei ein fertiger Prototyp erstellt, der von potenziellen Nutzern getestet und deren Feedback direkt zu neuen Handlungsempfehlungen zusammengestellt wird. Im Anschluss an den Design Sprint kommt es zu einer erneuten Sprint-Phase oder aber der Erstellung eines ersten, in seinen Funktionen noch reduzierten Produktes, dem sogenannten MVP (Minimum Viable Product). Die federführend bei Google entwickelte Methode verbindet Kundenorientierung, Ideenfindung und das Testen von Prototypen aus dem Design Thinking mit den kurzen iterativen Planungs- und Entwicklungsphasen agiler Methodenbausteine und fügt sie zu einem äußerst strikten Framework zusammen. Wie auch in der agilen Entwicklung werden an festgelegten Prozesspunkten Entscheidungen über das weitere Vorgehen vom Auftraggeber gefällt, bei Design Sprints in der Person des Entscheiders repräsentiert. Sinn von Design Sprints ist es, den Produktentwicklungsprozess hinsichtlich der Zeit und des Budgets massiv zu kürzen und tragfähige kundenorientierte Lösungen gezielt herauszuarbeiten, auch wenn es sich um komplexe, geschäftliche Herausforderungen handelt.

Neben der Geschwindigkeit (Sprint) fußt das Framework auf der visuellen Aufbereitung (Design). Design soll die zunächst vagen Ideen der Teammitglieder schnell und intuitiv für potenzielle Nutzer verstehbar machen, indem es sie mithilfe von Prototypen in ein anfass- bzw. erfahrbares Produkt verwandelt. So kann eine Idee sehr schnell getestet werden.

Schlussendlich bauen auch Design Sprints auf die drei Säulen aus Wünschbarkeit, Machbarkeit und Wirtschaftlichkeit: Von Beginn an wird die Nutzersicht in den Vordergrund gestellt und die Entscheidung über das Funktionieren des Prototyps am Ende des Sprints fällt ebenfalls der Nutzer. Die Wünschbarkeit ist so integraler Bestandteil des gesamten Prozesses. Über das Einbinden der verschiedenen für das Produkt wichtigen Unternehmensbereiche im Sprint-Team und damit in den Entwicklungsprozess werden im Sinne der Machbarkeit die meisten Risiken und Potenzialvermutungen von Anfang an in die Lösung eingebracht. Drittens steht die Entscheidungskompetenz im Sprint ausschließlich dem Entscheider zu, der die Wirtschaftlichkeit einer potenziellen Lösung sicherstellen muss. Daher sind Entscheider in der Regel Projektverantwortliche, Abteilungsleiter oder Geschäftsführer, also diejenigen, die für den wirtschaftlichen Erfolg des Unternehmens die Verantwortung tragen und auch im Berufsalltag die finalen Entscheidungen treffen.

Historie: Wer hat's erfunden?

Jake Knapp, Autor des Bestsellers »Sprint«, datiert die Entstehung des Design-Sprint-Konzeptes auf das Jahr 2010. Er ließ sich dabei nach eigenen Angaben von Googles eigenem Produktentwicklungsprozess sowie seinen Erfahrungen bei der Entwicklung der Google-Produkte Gmail und Hangouts leiten, deren aus seiner Sicht gelungene und schnelle Fortschritte in der Entwicklung er unbedingt wiederholen wollte. Viele Elemente sind dabei aus den Design-Thinking-Methoden von IDEO übernommen. Einiges basiert auf psychologischen und soziologischen Erkenntnissen rund um Erfolgsfaktoren und divergierende Arbeitsweisen von Teams im beruflichen Alltag. David Allens bekanntes Buch »Getting Things Done«, dessen System der Selbstorganisation es dem Leser ermöglichen soll, die eigene Produktivität zu steigern und entspannt zu arbeiten, hat in Teilen Inspiration für den Sprint-Prozess geliefert. Auch Atul Gawandes Buch »The Checklist Manifesto«, in dem dieser Checklisten als unverzichtbares Werkzeug propagiert, um korrekt, sicher und effizient auch bei hohem Druck und komplexen Tätigkeiten arbeiten zu können, führt Knapp als entscheidende Inspirationsquelle an. In einem Podcast im Oktober 2017 berichtet er außerdem, dass es sein Anliegen war, Designer gegenüber den Entwicklern nicht immer als Projektbremse wirken zu lassen. Während Entwickler mithilfe agiler Vorgehen extrem schnell und effizient arbeiteten, konnten sie aus der eigenen Arbeit heraus wenig zu der Richtung beitragen, in die sie entwickelten, und waren auf schnelle Zuarbeiten der Designabteilung angewiesen. Designer aber arbeiteten stark explorativ und auf Nutzerfreundlichkeit fokussiert. Dies hieß, die eigenen Annahmen immer wieder mit der Zielgruppe prüfen zu müssen und damit deutlich langsamer zu arbeiten. Um sowohl Designern als auch Entwicklern eine gemeinsame Arbeitsgrundlage zu bieten, die Struktur und Philosophie gleichermaßen beinhaltete, habe er versucht, Design Sprints ins Leben zu rufen. Seine Fragestellung lautete: Wie zeige ich den Entwicklern, dass auch Designer superschnell arbeiten können und man gemeinsam in kürzester Zeit zu erfolgreichen Arbeitsweisen gelangen kann? Daher habe er auch den Sprint-Begriff aus der agilen Arbeitsweise der Entwickler entlehnt, um den Anspruch seines Design-Sprint-Konzeptes zu verdeutlichen. Er probierte und verfeinerte dieses Vorgehen mit verschiedenen Teams und brachte 2012 den Prozess mit zu Google Ventures, wo vier seiner dortigen Kollegen weitere Modifizierungen vornahmen: Draden Kowitz verfeinerte das auf Storys zentrierte Design und Michael Margolis integrierte das Kundenfeedback, John Zeratsky fokussierte den Sprint-Prozess zusätzlich auf messbare Schlüsselmetriken und Daniel Burka testete den Prozess aus Unternehmersicht auf die besondere Tauglichkeit für Start-ups. 2012 und 2013 gab Google die ersten Anleitungen zum Sprinten heraus und nach einer Handvoll weiterer digitaler Veröffentlichungen zum Thema

wurde 2016 das Buch »Sprint« publiziert, auf dessen Grundlage auch wir als Sprint Master angefangen haben, unsere eigenen Design Sprints durchzuführen.

Nach Jahren der praktischen Anwendung und vielen Experimenten ist der Design Sprint von einer Google-Marke zu einer weitverbreiteten, etablierten Methode geworden. Im Netz lassen sich viele Sprint-Storys finden, von Start-ups wie Slack und Airbnb über große Unternehmen wie LEGO und McKinsey sowie Museen, Universitäten oder für das World Food Programme der Vereinten Nationen. Auch Mittelständler und Innovationsabteilungen großer Unternehmen profitieren von Design Sprints. Dadurch haben sich in der Praxis abweichende Sprint-Modelle etabliert, bei denen man alle fünf Phasen in verschiedenen Zeitspannen absolviert. Ursprünglich wurde für jede Phase ein Tag mit sechs Arbeitsstunden reserviert, tägliches Arbeiten von 10 bis 17 Uhr mit einer Stunde Mittagspause. Je nach Projekt, Teamzusammensetzung und Intensität der Vorarbeiten weichen Design Sprints in der Praxis von diesen Zeitvorgaben ab. In dem Vier-Tage-Modell, das wir Ihnen in diesem Buch vorstellen, haben Sie genügend Zeit für jede Phase, um am Ende zu sehr guten Ergebnissen zu kommen und Ihr Team zu fordern, ohne es zu überlasten. Den fünften Tag gewinnen Sie so für nötige An- und Abschlussarbeiten, die für uns zu einem guten Sprint dazugehören. Dieses Buch behandelt alle Phasen so ausführlich, dass Sie flexibel in der Durchführung Ihres Sprints bleiben, wenn Sie der Auffassung sind, Sie müssen für ein bestimmtes Projekt die Zeitkontingente innerhalb der Phasen anders einteilen.

Aufbau: Die fünf Phasen eines Design Sprints

In die fünf Phasen eines Design Sprints sind verschiedene Übungen eingebettet. Sie zielen darauf ab, Antworten auf im Sprint aufgeworfene Fragen zum bearbeiteten Thema zu finden. Es geht nicht primär darum, ein auslieferungsfähiges Produkt zu schaffen, sondern Hypothesen auszutesten. Daher soll am Ende des Prozesses ein Prototyp stehen, den man potenziellen Nutzern zum Benutzen und Austesten vorlegt und dabei Antworten auf die eigenen Fragen erhält. Die meiste Zeit über arbeiten die Teilnehmer zunächst individuell, bevor sie sich in der Gruppe absprechen. Gruppendynamiken sollen so weit wie möglich reduziert und die Zusammenarbeit zwischen den einzelnen Sprint-Teilnehmern so effizient wie möglich gestaltet werden.

Während der fünf Phasen erfolgt ein Wechselspiel zwischen auf Quantität ausgerichtetem Ideensammeln und auf Qualität fokussiertem Auswählen der vielversprechendsten Vorschläge. Damit einher geht auch der Wechsel zwischen intuitivem Vorgehen, bei dem sich die Teilnehmer frei assoziativ bestimmten Fragestellungen nähern, und analytischen Übungen, bei denen unter bestimmten Gesichtspunkten eine Auswahl getroffen werden muss. Diese beiden Perspektivwechsel vollziehen sich je dreimal innerhalb eines Sprints. Wir haben Ihnen dies grafisch in der folgenden Abbildung aufbereitet, sodass Sie das kreative Aufweiten zu einer großen Auswahl von Ideen und das analytische Verengen des Blickwinkels der Teilnehmer auf eine kleine Auswahl während der fünf Phasen gut nachvollziehen können.

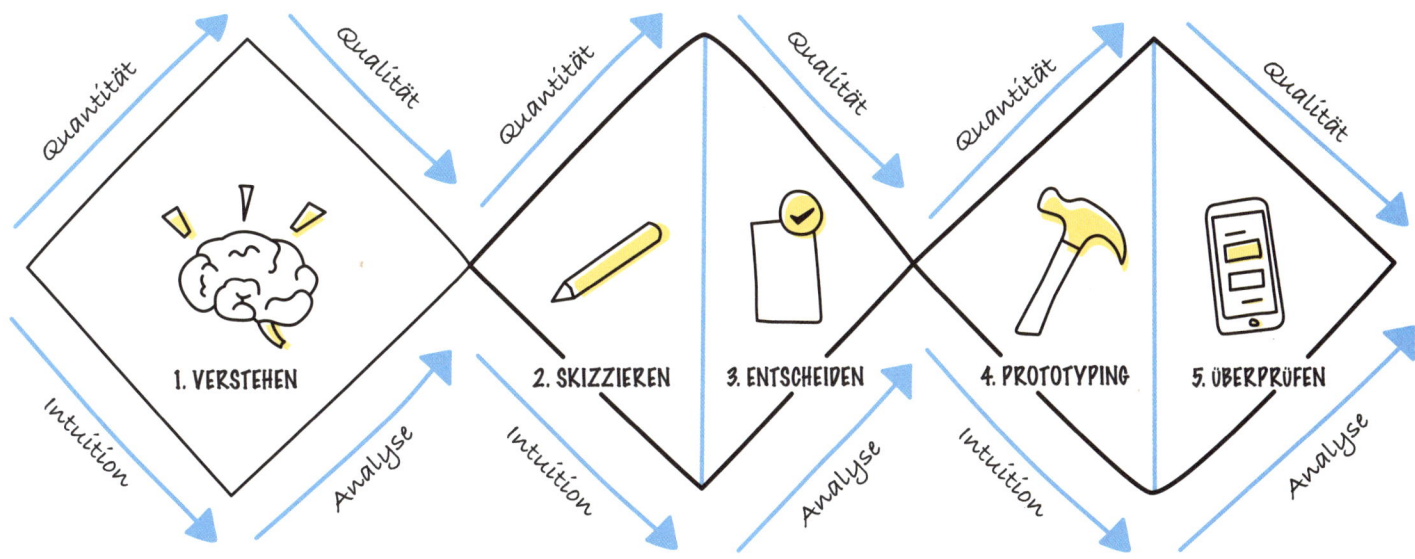

Quantität • Qualität • Quantität • Qualität • Quantität • Qualität

Intuition • Analyse • Intuition • Analyse • Intuition • Analyse

1. VERSTEHEN   2. SKIZZIEREN   3. ENTSCHEIDEN   4. PROTOTYPING   5. ÜBERPRÜFEN

In den fünf Phasen des Design Sprints starten die Teilnehmer stets zunächst von einem Fokuspunkt und sammeln intuitiv Ideen und Möglichkeiten, um diese anschließend vor dem Hintergrund einer verfeinerten Zielstellung wieder zu verdichten. Dieser Wechsel aus Sammeln und Verdichten vollzieht sich dreimal innerhalb eines Design Sprints.

Phase 1: Verstehen

In der ersten Phase legt das Sprint-Team zunächst sein langfristiges Ziel fest, damit alle auf eine gemeinsame Vision hinarbeiten. Man nennt dieses Vorgehen »Starting at the End«, also am Ende anfangen. Durch diese Fokussierung wird ein klarer Anfangspunkt gesetzt, von dem aus die gemeinsamen Aktivitäten beginnen. Daran anknüpfend definiert jedes Teammitglied, wie der Erfolg für ihn oder sie aussehen würde bzw. wann man das Projekt als gescheitert definieren müsste. So fügt man dem Sprint-Ziel messbare Parameter hinzu und ermöglicht es jedem, die Projektgrenzen während der gesamten Sprint-Woche präsent zu haben.

Anschließend soll in der ersten Phase das Problem so genau wie möglich definiert werden. Insbesondere die Anforderungen an die Technologie in der Umsetzung, die Wünsche des Anwenders und die Rentabilität für das Geschäft gilt es dabei so präzise wie möglich herauszuarbeiten. Ohne diese drei Bereiche genau zu erfassen, kann ein Team die erste Phase des Sprints nicht sinnvoll abschließen. Die Phase endet mit der Ausrichtung des Sprints durch den Entscheider: Er setzt einen klaren Fokus auf einen Teilbereich der Herausforderung.

Phase 2: Ideen sammeln und skizzieren

Aufbauend auf den Ergebnissen aus der ersten Phase werden in der zweiten Phase des Design Sprints Lösungen gesucht. Schritt für Schritt arbeiten sich die Teilnehmer durch verschiedene Impulse an eine eigene Lösung heran, mit der sich die Herausforderung annehmen ließe. Am Ende einer festen Reihenfolge an Kreativübungen arbeitet jeder einzelne Teilnehmer eine eigene Idee detailliert aus. Er beschreibt in einer Abfolge von Skizzen und kurzen Erläuterungen, wie sich eine Lösung gestalten, bauen, programmieren oder herstellen ließe. Deren Beschaffenheit ist offen, in einem Design Sprint sind digitale genauso wie haptische, räumliche und situative Ansätze denkbar. Eine Abstimmung und Gruppenarbeit gibt es hierzu nicht. Jeder arbeitet still und konzentriert für sich.

Phase 3: Entscheiden

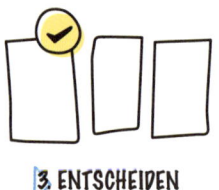

Die Phase 3 ist der Mittelpunkt des Sprints. Alle zuvor erarbeiteten Lösungen werden eingehend betrachtet und zum ersten Mal auch innerhalb der Gruppe bewertet. Zwar hält man nach wie vor daran fest, nicht nach richtig und falsch zu unterscheiden. Sehr wohl aber macht das Team nun einen Unterschied zwischen der Lösungsfindung zuträglich oder dafür nicht geeignet. Am Ende wählt der Entscheider aus, welche der Ideen als Prototyp umgesetzt wird. Danach muss das Team eine Art Drehbuch erstellen, anhand dessen es den Prototyp entwickeln möchte. Im Sprint nennt man dies ein Storyboard. Hierzu gehören der Prototyp selbst und auch die Situation, in der der Prototyp potenziellen Nutzern vorgeführt wird.

Phase 4: Prototyp erstellen

In der vierten Phase werden alle eher theoretischen Erwägungen in die Praxis umgesetzt und in einen Prototyp überführt. Alles, was bisher lediglich als Konzept entworfen wurde, soll nun Realität werden. Jedes Teammitglied bekommt eine seinen Fähig-

4. PROTOTYPING

keiten so präzise wie möglich entsprechende Aufgabe, um durch effiziente Arbeitsteilung möglichst viel zu erreichen und die knappe Zeit zu nutzen, um einen aussagekräftigen Prototyp fertigstellen zu können. Wichtig sind in dieser Phase zwei kurze Testläufe, anhand derer das Team sicherstellt, die zu beantwortenden Fragen und zu testenden Hypothesen im Fokus der Prototyperstellung zu behalten.

Phase 5: Prototyp überprüfen

In der letzten Sprint-Phase stellt das Team seinen fertigen Prototyp fünf Nutzern zum Testen vor. Mittels Kameraübertragung beobachtet das Team aus einem separaten Raum heraus, wie die Testkandidaten in Einzelinterviews den Prototyp nutzen und

5. ÜBERPRÜFEN

welches Feedback sie dabei geben. Nach den Interviews kann das Team Muster in der Nutzung erkennen und übereinstimmende Meinungen der Testkandidaten einordnen. Auch wenn es nicht immer nur Lob der Nutzer ist: Auch das Durchfallen eines Prototyps verhilft zu Klarheit. Am Ende der fünften Phase weiß das Team genau, ob das Produkt Anklang findet und weiterentwickelt werden kann oder an welchen Stellen Nacharbeiten erforderlich sind. Ein Prototyp beantwortet idealerweise alle zu Anfang gestellten Sprint-Fragen eindeutig.

Einsatz: Wann ist ein Design Sprint die richtige Methode?

Design Sprints können drei Dinge hervorragend leisten: die Einstimmung und Angleichung unterschiedlicher Ansichten von Teammitgliedern auf ein gemeinsames Produkt- oder Dienstleistungskonzept, vielversprechende Ideen aus Kundensicht validieren sowie Zeit und Kosten sparen. Sie sind selbst aber auch nicht ohne den Einsatz von Arbeitszeit, -mitteln und letztlich Geld zu haben. Daher muss die Frage, wie sinnvoll ein Design Sprint ist, die allererste sein, die Sie sich stellen, bevor Sie irgendeine weitere Aktivität planen.

Ausgangspunkt eines jeden Sprints ist ein Problem. Nur sollten Sie vermeiden, es so zu nennen, denn mit Problemen beschäftigt sich niemand wirklich gern. Auch Ihr Team nicht. Also verbannen Sie dieses Wort am besten ganz dezidiert aus Ihrem Sprint-Wortschatz und ersetzen es, wann immer es nötig ist, mit zwei Motivationsförderern: Chance, wenn es eine Idee gibt, deren Potenzial Sie noch ausloten müssen, und Herausforderung, wenn Sie noch gar keinen Plan haben, wie es weitergehen könnte.

Chance: Wenn man eine Chance schon als solche wahrgenommen hat, also schon die Richtung für eine Lösung kennt, liegt die Umsetzung meist in den Händen eines fähigen Teams und den Tiefen der Budgetvorräte. Ein Sprint für eine bestehende Lösungsidee ist sinnvoll, wenn Sie entweder unter extremem Zeitdruck stehen oder aber die Lösung aller Wahrscheinlichkeit nach viel Geld und Zeit kostet, Sie aber noch nicht wissen, ob der Kunde Ihr Produkt oder Ihre Dienstleistung auch haben möchte und schätzen würde. Bevor Sie sich also an die Ausarbeitung von Features und Funktionalitäten machen, können Sie einen Sprint nutzen, um Ihre Ideen direkt auszuprobieren und Nutzerfeedback einzuholen. Achten Sie bei dieser Art von Sprint unbedingt darauf, passgenaue Nutzer für Ihren User-Test am letzten Sprint-Tag auszusuchen. Da hier Ihr Hauptaugenmerk auf den Sprint-Fragen liegt, müssen Sie diesbezüglich ganz besondere Sorgfalt walten lassen. Auch das Anbieten der eigenen erfolgreichen Produkte für ein völlig anderes Marktsegment fällt in die Kategorie Chance. Bisher haben Sie Ihre abwischbare, flüssigkeitsabweisende, enganliegende Kleidung vielleicht nur für Tatortreiniger hergestellt. Jetzt wollen Sie ausloten, ob diese mit ein paar Designanpassungen auch für jugendliche Outdoor-Festivalbesucher von Interesse sein könnte. Hierfür einen Prototyp zu erstellen und dessen Wertschätzung mithilfe der neuen Nutzergruppe zu validieren, ist ein vielversprechender Design-Sprint-Ansatz.

Darüber hinaus haben wir schon viele Design Sprints für bereits bestehende Produkte durchgeführt, denen neue Features und Komponenten hinzugefügt werden sollten, die das Produkt noch attraktiver für Kunden gestalten könnten. Dann fokussieren wir in den Sprints auf die Ausarbeitung eines kleinen Segments in Addition zum eigentlichen Produkt und erstellen sehr kleinteilig detaillierte Prototypen, die neue Chancen für ein verbessertes Nutzererlebnis validieren sollen.

Herausforderung: Eine völlig offene Fragestellung, bei der Sie noch nicht wissen, wie Sie diese am besten angehen und worin genau die Chance liegen könnte, sind der Idealzustand zu Beginn eines Sprints. Wenn Sie sozusagen Neuland betreten oder sich veränderten Bedingungen auf Ihrem gewohnten Terrain ausgesetzt sehen. Design Sprints sind gemacht, um (hoch-)komplexe Fragen mit einer möglichst diversen Gruppe zu durchdringen und Ankerpunkte aufzuzeigen, von denen aus man die Reise als Innovationsteam starten kann. Wenn die Lage am unübersichtlichsten ist, haben Sie mit Design Sprints ein Framework, an dem Sie sich entlanghangeln können.

Prinzipien: Wie arbeitet man in einem Design Sprint?

Bevor Sie mit dem Design Sprint loslegen, sollten Sie Ihr Team um eine Vereinbarung hinsichtlich bestimmter Regeln bitten. Auch wenn es komisch anmutet, einen kreativen Prozess mit einem Regelwerk zu beginnen, Sie schaffen sich so erst den freiheitlichen Rahmen, den Sie im Sprint für die individuelle Entfaltung eines jeden Teammitglieds benötigen. Jeder Sprint-Teilnehmer kommt mit seinen eigenen Vorstellungen, Erfahrungen, Regeln, Neigungen, Voreingenommenheiten, Gefühlen und einer persönlichen Agenda. Gemeinsam aufgestellte Regeln reduzieren das Risiko, dass diese Einflussfaktoren den Sprint negativ beeinflussen. Sinn des Regelwerkes ist es also, allen Teilnehmern die Möglichkeit zu eröffnen, sich auf das Lösen der Herausforderung zu konzentrieren und auf die Durchsetzung der eigenen subjektiven Ansichten zu verzichten.

Bevor Sie Ihr Team aber auf Regeln verpflichten, müssen Sie selbst die Prinzipien eines Design Sprints verinnerlicht haben. Sie sind aus verschiedenen innovativen und agilen Vorgehensweisen entlehnt und helfen, den Fokus und den Schwung innerhalb des Sprints aufrechtzuerhalten. Vertrauen Sie auf deren Richtigkeit, bis Sie es selbst einige Male im Sprint erlebt haben, und geben Sie sich zu Beginn einfach ein wenig selbstsicherer in einem unerschütterlichen Glauben an das Framework: »Fake it, until you become it.« Glauben Sie uns, es hilft. Wir stellen Ihnen im Folgenden die Prinzipien vor, die Sie durch den Sprint tragen werden.

Volle Konzentration und Hingabe

Ein Sprint ist eine Vollzeitbeschäftigung, die Ihre volle physische und psychische Anwesenheit erfordert genauso wie die des Teams. Bitten Sie also Ihr Team zu Beginn des Sprints, dass es Ihnen in Ihrer Rolle als Sprint Master folgt. Denn Sie sind dafür verantwortlich, dass alle stets bei der Sache und mit vollem Einsatz dabei sind.

Ihr Team muss Ihnen vertrauen, auch wenn Sie Teammitglieder an der ein oder anderen Stelle unterbrechen oder durch kurze und präzise Handlungsanweisungen vorandrängen müssen. Es liegt in Ihren Händen, den Sprint-Charakter mit den engen Zeitvorgaben und einem gewissen Maß an Leistungsdruck aufrechtzuerhalten, um optimale Ergebnisse zu erzielen. Daher sollte Ihr Team Ihrer Leitung vertrauen, auch wenn diese an der ein oder anderen Stelle als sehr streng empfunden werden kann.

Bitten Sie Ihr Team, außerhalb der Momente, in denen Laptops und Mobiltelefone explizit für den Sprint gebraucht werden, diese nicht zu nutzen. Versprechen Sie, dass für deren Nutzung sowieso keine Zeit sein wird. Im Notfall sollten Ihre Teammitglieder anderweitige Kommunikation außerhalb des Sprint-Raumes durchführen. Idealerweise machen Sie alle 90 Minuten eine kurze Pause, in der auch Zeit für Telefonate ist oder Mails abgerufen werden können. Während des Sprints erlaubt das Niveau der Konzentration keine Ablenkungen.

Einzelne Nutzer stehen im Mittelpunkt

Design Sprints sind zu einhundert Prozent auf den Nutzer und seine Bedürfnisse ausgerichtet. Das heißt, jede Lösung, die Sie in einem Design Sprint hervorbringen, löst in oberster Priorität ein Problem Ihrer möglichen Kunden. Erst dieser Prämisse nachfolgend überlegen Sie, wie eine Lösung hierfür (auch technisch) aussehen kann und worin dabei der Business Case für Ihr Unternehmen bestehen könnte. Das Design bildet dabei die Brücke zwischen Nutzerwelt und Lösungsidee und muss einhundertprozentig eine nutzerorientierte Erfahrung für potenzielle Kunden bereithalten. Wir haben schon viele Sprint-Anfragen bekommen, bei denen es in erster Linie galt, bestehende Wertschöpfungsketten von Unternehmen zu verbessern und dann zu überlegen, wem man diese Business-idee wohl verkaufen könnte. Das funktioniert so nicht. Seien Sie daher aufmerksam, wenn ein Sprint-Wunsch an Sie herangetragen wird. Ausnahmen sind, wenn Unternehmen interne Prozesse verbessern wollen, um zum Beispiel Mitarbeitern die Arbeit zu erleichtern. Dann fungieren diese Mitarbeiter wiederum als interne Kunden und sind ideal geeignet, um einen Sprint-Prozess zu begleiten und am letzten Tag zu validieren. Sprints fokussieren auf Individualität, also auf kleine, detailliert aussagekräftige Daten. Tests mit realen Nutzern im quasi-realen Umfeld wird mehr Aussagekraft eingeräumt als Massenauswertungen über Big Data. Statt Gleichförmigkeit auf kleinstem gemeinsamem Nenner soll ein individueller Weg zu echter Innovation aufgespürt werden.

Timeboxing

Ein Sprint heißt Sprint, weil er schnell sein soll. Weil man in der vorgegebenen Zeit auch das vorgesehene Ziel erreichen will. Das geht nur, wenn Sie als Sprint Master rigoros auf die Zeit achten. Wenn Sie die Zeitfenster unbestimmt ausdehnen und Diskussionen zulassen, die das Team zwar leidenschaftlich miteinander agieren, aber Sie nicht im Sinne des Frameworks vorwärtskommen lassen, werden Sie mit Ihrem Sprint scheitern. Also haben Sie bitte als Sprint Master die Stoppuhr als Ihren treuesten Begleiter an Ihrer Seite und weichen Sie von Ihren eigens vorbereiteten Vorgaben nur dann ab, wenn Sie die Abweichung als solche wieder reglementieren (»O.K., ich gebe Euch noch weitere fünf Minuten, dann müsst Ihr zu einem Ergebnis gekommen sein.«).

Zusammen alleine arbeiten

Alle Arten der Zusammenarbeit im Team sind grundsätzlich einer psychisch-sozialen Gruppendynamik unterworfen: Hierarchien, Titel, Charme, Eloquenz, Egos, schlechte Erfahrungen, mangelnde Fehlerkultur. Die Liste der Einflussfaktoren ist lang. Egal, wie viel Mühe Sie sich als Leiter, Coach oder eben Sprint Master geben, Sie werden es wohl nie schaffen, innerhalb einer Gruppe aus allen Teilnehmern das absolut Beste herauszukitzeln. Daher versuchen Design Sprints, den Punkt der Interaktion möglichst ans Ende aller einzelnen Prozessschritte zu schieben und die Teilnehmer intensiv zunächst einmal jeweils nur ihre eigenen Gedanken zu Papier bringen zu lassen. »Zusammen alleine arbeiten« heißt dieser Grundsatz und meint im Wesentlichen: Bevor jemand eine Idee in Länge anpreisen oder jemand anderes diese zerreden kann, bringen alle Teilnehmer ihre Ideen zunächst ohne Diskussionen allein auf Papier. Ideen von dominanten Teilnehmern stehen so Seite an Seite mit

Entwürfen schüchternerer Teammitglieder. So kann der Inhalt der Ideen unabhängig von der Eloquenz des Vortragenden bestehen. Außerdem bringen Sie jedem einzelnen Sprint-Teilnehmer und seinen Beiträgen auf diese Weise mehr Wertschätzung entgegen; unabhängig von persönlichen, sozialen und strukturellen Hintergründen und Fähigkeiten. Trotzdem bleibt ein Sprint aber absolutes Teamwork, denn die Brillanz der abschließenden Lösungen wird erst erreicht, weil sich jedes Teammitglied von den Ideen der anderen inspirieren lässt und das Beste daraus in die eigenen Überlegungen einbezieht.

Dot-Voting (Klebepunkt-Abstimmung) und Heatmaps

Auch wenn die Mehrzahl der Beiträge während eines Sprints individuell erstellt wird, muss sich ein Sprint-Team immer wieder neu einigen, mit welchen Ideen es in die nächste Runde des Sprints weiterziehen möchte. Auch hier werden im Sprint Entscheidungsgespräche zwischen den möglichen Extremen extrovertierter, eloquenter Wortführer und introvertierter, diskussionsscheuer Mitläufer insofern unterbunden, als dass jedes Mitglied seine Meinung über eine Punktevergabe zum Ausdruck bringen kann. Die englische Bezeichnung dieses Vorgehens kombiniert die englischen Worte »Dot« für Klebepunkt und »Democracy« für Demokratie zu dem neuen Begriff »Dotmocracy«.

Indem man seine Meinung als Teammitglied nicht verbal, sondern mit dem Aufkleben eines Punktes äußert, entstehen auf den Ideenskizzen teilweise kleine und große Ansammlungen vieler Punkte. Je mehr Punkte, desto größer die Zustimmung zu einer Idee, diese wird so zu einem heißen Favoriten. Man nennt diese Art der Visualisierung in den Sprints daher »Heatmap«, also eine Übersicht der heißesten Themen.

Grundsätzlich haben alle Teilnehmer die gleiche Punkteanzahl in jeder Übung. Mit einer Ausnahme: Der Entscheider im Team darf mit seinen Entscheidungspunkten, die optisch größer sind und mehr Gewicht hinsichtlich der Entscheidung haben, tun und lassen, was er möchte. Also doch nicht wirklich Dotmocracy? Jein. Warum, das erklären wir Ihnen gleich, es ist Grundlage des nächsten Sprint-Prinzips.

Autokratie vor Demokratie

Wenn Sie in einem Design Sprint versuchen, demokratisch zu einer Entscheidung zu kommen – und glauben Sie mir, wir hatten schon Entscheider, die das Schicksal in die Hände des gesamten Teams legen wollten –, wird es am Ende auf einen unglaublich coolen Prototyp hinauslaufen; der aber leider aller Wahrscheinlichkeit nach nicht Ihre Sprint-Fragen beantwortet und auch nicht auf die Herausforderung fokussiert, die Sie zu meistern angetreten sind. Warum? Weil jedes Mitglied in einem demokratisch eingestellten Team ganz unterschiedliche Vorstellungen davon hat, was am Ende herauskommen soll. Die strategische Ausrichtung fehlt. Konsens ist nicht für das Priorisieren der eigenen Entscheidungen geeignet: Was soll am dringlichsten getestet werden? Was ist die alles entscheidende Frage, die die Nutzer am letzten Sprint-Tag eindeutig mit ihrem Testverhalten beantworten sollten? Diese Ziele kann man nicht demokratisch wählen. Man muss sie mit einem wachen Auge für das große Ganze entscheiden, die Unternehmensstrategie einbeziehen, die Kunden kennen und die Wirtschaftlichkeit im Blick haben: Wünschbarkeit, Machbarkeit, Wirtschaftlichkeit. Nur wenige Teammitglieder sind in der Lage, aus ihrem persönlichen Spezialgebiet heraus auf das Gesamtkonstrukt und dessen Risiken zu abstrahieren. Daher uberlassen Sie die finale Entscheldung dem Teammitglied, dessen Spezialgebiet genau das ist: Das letzte Wort und die damit verbundene getragene Verantwortung hat der Entscheider. Auch wenn alle Lösungsansätze mit Sicherheit ihre Berechtigung haben, es wird ein bis zwei geben, die für den Entscheider aus Gesamtunternehmenssicht Priorität haben. Daher bietet das Teamvotum dem Entscheider zwar eine Orientierung, letztendlich erfolgt seine Wahl aber autonom.

Diese sollte er seinem Team im Anschluss daher gut erklären, damit alle Teammitglieder seine Beweggründe nachvollziehen können. So bleibt für jeden Sprint-Teilnehmer die Identifikation mit dem Projekt groß und die Überlegungen des Entscheiders können in die weitere Arbeit einbezogen werden.

Kontinuierliche Verbesserung und Prototyp-Mentalität

In Design Sprints geht es darum, Dinge auszuprobieren und zu verbessern; immer wieder aufs Neue. Daher ist es nicht ungewöhnlich, auch verrückte Ideen zu verfolgen oder mehrere Sprints aneinander zu koppeln, bevor man die eigentliche neue Lösung erreicht. Wichtig ist dabei, sich die Neugier der Kindheit wieder anzueignen, an die stetige Verbesserung zu glauben und sich mit keinem Status quo abzufinden. Der Mensch hat von Geburt an einen natürlichen Hang zum Experimentieren, Ausprobieren und Verbessern. Bei vielen Menschen aber geht dieser Drang in den Strukturen und Vorgaben des (Berufs-)Alltags verloren oder wird regelrecht abtrainiert. Sie als Sprint Master müssen den Spieltrieb wieder wecken und Ihr Team dazu bringen, buchstäblich auszubrechen und Altbewährtes bewusst infrage zu stellen. Haben Sie im Gegenzug auch keine Angst, Dinge zu stoppen, die nicht funktionieren. Befeuern Sie die Prototypmentalität bei Ihren Teammitgliedern. Bitten Sie sie, im Sprint die Dinge gerade gut genug zu entwerfen, dass sie liebevoller Betrachtung und Nutzung standhalten, aber provisorisch genug, dass niemand eine Träne verdrückt, sobald Ideen gnadenlos aussortiert werden. Gehen Sie Risiken ein, auf die Gefahr hin, eine hundertprozentige Ablehnung Ihrer Lösungsidee beim Kunden zu bekommen. Es könnte auch das Gegenteil herauskommen. Genau dafür sind Design Sprints da: Ausprobieren, um Risiken ressourcenschonend eingehen zu können.

Loslegen vor Richtigmachen

Wir tragen in unseren Trainings sehr oft T-Shirts mit der Aufschrift »Fail faster, fail forward!«, also der Aufforderung, schneller und vorwärts gerichtet zu scheitern. Es ist inzwischen zu einem Leitspruch für unser gesamtes Team geworden. Natürlich wollen auch wir lieber gleich alles richtig machen, aber inzwischen wissen wir, dass das selten gelingt und uns endloses Diskutieren im Vorfeld in den seltensten Fällen vor dem Scheitern bewahrt hat. Also minimieren wir lieber das Risiko und geben uns weniger Zeit zum Überlegen und Abwägen, legen dafür aber schneller los. Auf diese Weise kreieren wir Ergebnisse, aus denen wir Konkretes ableiten können. WIr müssen uns nicht mehr ewig mit Hypothesen aufhalten, sondern schaffen Fakten, mit denen wir bessere Entscheidungen treffen. Machen Sie sich dieses Mantra auch für den Sprint zu eigen. Schreiben Sie als Sprint Master lieber ein paar Mal mehr Ideen des Teams mit, die Sie dann später verwerfen, als dass Sie minutenlanges Abwägen am Ende ratlos zurücklässt, wie Ihr Team nun eigentlich womit weiterkommen soll.

Ehrliches Feedback ohne Wertungen

Niemand hört so richtig gern Kritik. Denn in den meisten Fällen trennen Kritikgeber den kritisierten Sachverhalt nicht von der handelnden Person. Daher stimmen Sie Ihr Team darauf ein, dass es ein Team ist! Das klingt banal, ist für einen Sprint aber essenziell. Wie in einer Fußballmannschaft kann ein Spiel nur gewonnen werden, wenn jeder mit seinem individuellen Können sein Bestes einbringt. Es nützt nichts, wenn ein Stürmer plötzlich versucht, das Tor besser zu bewachen als der Keeper, und dieser wiederum vor dem gegnerischen Tor seine Kopfballstärke unter Beweis stellen will. Das kann mal gut gehen, ist dann aber eher ein Überraschungscoup. Es ist nicht als generelle Taktik zu empfehlen. Also verzichten Sie auch im Sprint auf Vergleiche zwischen dem Zuarbeiten der Teammitglieder und bestätigen Sie immer wieder, dass nur durch die Arbeit des Teams als Ganzes ein gutes Ergebnis entstehen kann. Jeder ist er selbst, mit seinen individuellen Fähigkeiten. Alle leisten bestmögliche Zuarbeit. Darauf muss jedes Teammitglied vertrauen können. Dann ist es auch nicht schwer, ehrliches Feedback zu geben, um die Arbeitsergebnisse aus verschiedenen Sichten zu ergänzen oder zu verbessern. Schalten Sie Wertungen, wie jemandem etwas gelungen ist, völlig aus. Fokussieren Sie mit Ihrem Team immer nur auf die Essenz des Hervorgebrachten. Was ist darin enthalten, das uns vorwärtsbringt? Was können wir verwenden, um unserer Lösung näher zu kommen? Ihr Team muss nett zu den Menschen und deutlich in der Begutachtung der Ideen sein.

Ein Sprint Master ist neutral

Sie haben die Sprint-Master-Rolle gewählt oder Sie wurden darum gebeten. Es gibt immer wieder Versuche von Teams, dass der Sprint Master gleichzeitig die Rolle eines Teammitgliedes oder gar des Entscheiders übernimmt. Natürlich geht das – aber aus unserer Erfahrung heraus leider meistens schief. Denn ein Sprint Master hat als oberste Priorität, den Sprint zu einem Erfolg zu führen. Das kann er nur, wenn er rigoros auf das Ausbalancieren aller am Sprint beteiligten Mitglieder und ihrer Expertisen und Interessen achtet. Wir bezweifeln, dass das gelingen kann, wenn der Sprint Master gleichzeitig mitarbeitet und selbst Ideen generiert. Und wir verneinen das komplett, wenn er am Ende auch derjenige ist, der alles entscheidet. Ein Entscheider, der alle gleich motivieren soll, dann aber die Entscheidungshoheit besitzt, erzeugt Frust und erstickt unter Umständen jegliche Kreativität und Umsetzungsfreude im Team. Im Idealfall sind Sie als Sprint Master sowohl thematisch als auch menschlich weit weg vom Sprint-Thema. Ein Außenstehender, der nicht alle internen Diskussionen schon mitgemacht hat und demnach nicht vorbelastet ist, ist sicherlich die ideale Besetzung. Denn nur so können Sie kritische Fragen stellen und jeden entsprechend zur Verantwortung ziehen, um zu einem sehr guten Sprint-Ergebnis zu kommen. Sie akzeptieren dann keine internen Realitäten und stellen immer wieder unangenehme Fragen, die dazu beitragen, alle Sprint-Teilnehmer zum Anders- und Neudenken anzuregen. Je neutraler und emotionsloser Sie auf das Team und die Arbeitsergebnisse blicken können, umso besser. Sollten Sie einen Sprint Ihrer Kollegen moderieren, dann machen Sie sich Ihre Rolle immer wieder klar und überprüfen Sie, ob Sie sich wirklich komplett aus der Lösungsfindung heraushalten können. Wenn Sie das Gefühl haben, bei einem Herzensthema lieber inhaltlich statt formal mitwirken zu wollen, geben Sie die Sprint-Master-Rolle besser an jemand anderen ab.

2 Vor dem Sprint

Bevor Sie einen Design Sprint vorbereiten, müssen Sie zum einen sicherstellen, dass ein Sprint überhaupt die richtige Methode ist und Sie nicht aufgrund mangelnder Vorbereitung Ressourcen verschwenden. Zum anderen benötigen Sie für den Sprint einige Voraussetzungen und Utensilien, deren rechtzeitige Bereitstellung Ihnen einiges an Stress zu Sprint-Beginn erspart. Wir zeigen Ihnen in diesem Kapitel, wie Sie die Herausforderung herausarbeiten und leicht verständlich aufbereiten sowie welche Vorkehrungen Sie spätestens ab vier Wochen vor dem Design Sprint sukzessive treffen sollten.

Die Herausforderung verstehen

Man kann eine Herausforderung nur annehmen, wenn man sie versteht. Aber woher haben Sie die Gewissheit, dass Sie die Herausforderungen mit all ihren Facetten kennen? Als Sprint Master müssen Sie das nicht. Aber Ihr Team sollte alles bis ins kleinste Detail verstehen. Und da sind Sie wieder im Spiel: Es ist Ihre Aufgabe, genau das sicherzustellen.

Die Durchdringung der Situation und der Herausforderung ist der Ausgangspunkt all Ihrer gemeinsamen Bemühungen. Es ist also sinnvoll, sich mit den Gegebenheiten zu befassen. Denn die Qualität der zu entwickelnden Lösungen verhält sich proportional zur Detailtiefe, mit der Ihr Sprint-Team die Fragestellung und die umliegenden Faktoren und Wechselwirkungen einschätzen und beschreiben kann. Der Sprint bietet Ihnen später in seinem Verlauf noch einige Möglichkeiten, auch bis dahin unerkannte Elemente zu integrieren. Je gründlicher Sie aber im Vorfeld arbeiten, desto stressfreier und kreativer können Sie später in der Lösungsfindung sein und umso mehr Energie können Sie auf neue Ideen als auf die überraschende Berücksichtigung alter Strukturen verwenden. Schauen Sie sich als Sprint Master vorliegende Dokumente und bestehende Prozesse an und führen Sie gegebenenfalls einige Interviews mit Projektmitarbeitern und Kunden durch. Auf diese Weise verschaffen Sie sich einen Überblick, welche Expertisen und Betrachtungsweisen in Ihren Sprint einbezogen sein müssen. Sie können dann entscheiden, ob Sie diese bereits im Sprint-Team abdecken oder aber über kleine Gastvorträge in den Sprint integrieren müssen. Diese Expertenbeiträge von außerhalb des Kernteams werden in Sprints Lightning Talks genannt. Wie diese ablaufen, erklären wir Ihnen später in unseren Ausführungen zur ersten Sprint-Phase ausführlich.

Folgende Perspektiven sollten in Ihrem Sprint aussagefähig vertreten sein:

- Überblick über die gesamte Situation des Unternehmens, seine Produkte und Dienstleistungen und seine Zukunftsvision
- Abhängigkeiten und Restriktionen des Projektes (Infrastruktur, Rechtliches, Finanzielles etc.)
- Kundenwünsche und Kundenfeedback (Interviews, Umfragen, Beobachtungen, Kundenchats etc.)
- Technische Machbarkeit und Durchführbarkeit der derzeitigen Produkte und Dienstleistungen und möglicher Neu- und Weiterentwicklungen
- Vorangegangene Versuche, das Problem zu lösen, und was aus diesen gelernt wurde

Ohne diese Blickwinkel zu kennen und sicherzustellen, dass diese im Sprint aus der Erfahrung heraus vorgetragen werden können, dürfen Sie sich nicht an den Sprint wagen. Denn dann werden Ihnen wichtige Details fehlen, um zu einem guten Ergebnis zu gelangen. Außerdem sollten Sie akribisch darauf achten, dass in Ihrem Sprint-Team echte Kundenversteher sind, also Leute, die tatsächlich tagtäglich mit Kunden im Kontakt sind und deren Wünsche und Unzufriedenheiten aus erster Hand kennen. Was bewegt die Kunden? Was wäre in deren Augen ein Erfolg oder Kaufargument? Es nützt Ihnen nichts, wenn in Ihrem Team ein Zahlenanalytiker aggregierte Daten über Zielgruppen herunterbeten kann, alle seine Ausführungen dann aber nur abgeleitete Annahmen über die Kunden sind. Wir haben das schon in Sprints erlebt und dabei aufgrund der falschen Expertise viele Enttäuschungen am letzten Tag abfangen müssen, die sich mit einem anders zusammengesetzten Sprint-Team leicht hätten vermeiden lassen.

Was müssen Sie vor dem Sprint langfristig sicherstellen? (noch vier Wochen bis zum Sprint)

Einige vorbereitende Tätigkeiten benötigen mehr Zeit und unter Umständen längere Entscheidungswege. Daher sollten Sie diese rechtzeitig vor dem Sprint in Angriff nehmen und sorgfältig vorarbeiten. Andere Vorkehrungen können Sie bereits so früh treffen und sich dadurch Zeitdruck und Terminstress in der weiteren Vorbereitung sparen. Umso früher Sie die folgenden Punkte erledigt haben, umso entspannter gestalten sich die Tage unmittelbar vor dem Sprint.

Die Herausforderung präzise formulieren

Egal ob Sie sich die Herausforderung selbst ausgesucht haben oder diese an Sie herangetragen worden ist, schauen Sie sich die Vorgaben genau an und versuchen Sie, zum Kern des Problems vorzudringen. Sie müssen für das Team daraus einen Vorschlag zur Formulierung *der* Herausforderung machen, zu der Sie gemeinsam während des Sprints eine Lösung erarbeiten. An einer präzisen Formulierung als Startpunkt aller Sprint-Aktivitäten hängt also viel. Stellen Sie die Herausforderung so gut und präzise Sie können dar und seien Sie trotzdem vorbereitet, dass Sie sie während des Sprints mit Ihrem Team noch umformulieren müssen, um noch besser zu arbeiten.

Natürlich gibt es keine goldene Regel für die Formulierung der Herausforderung, aber einige Tipps, die sich bewährt haben. Spielen Sie mit Worten und Satzbau, versuchen Sie sich an mehreren Varianten und schlagen Sie zwei bis drei davon Ihrem Auftraggeber vor, um zu erfahren, welche die Problemstellung Ihres Auftraggebers am genauesten widerspiegelt und so auf fruchtbar-kreativen Boden fällt. Versuchen Sie bewusst auch, einzelne Worte durch andere zu ersetzen, und schauen Sie, inwieweit das Ihre Wahrnehmung der Herausforderung beeinflusst. Hier einige hilfreiche Vorgehensweisen:

- Sammeln Sie so viele Fakten wie möglich. Erst das Puzzle aus Details lässt Ihre Herausforderung Gestalt annehmen. Umso deutlicher Sie alle Facetten beleuchten, desto klarer können Sie später formulieren und Ihr Team schnell in die Situation einführen.
- Formulieren Sie Fragen. Der Mensch ist gemacht für Rätsel, spielerisches Erforschen und intuitives Finden von Lösungen. Zähe, schwere Brocken und Schwierigkeiten kosten uns viel Energie und geben kaum innere Befriedigung. Neugierige Fragen regen die Kreativität Ihres Teams an.
- Formulieren Sie so, dass Sie für verschiedene Lösungsmöglichkeiten offen bleiben und nicht sofort nach der einen perfekten Lösung suchen. Statt »Was ist der goldene Weg, um ...« besser »Welche Möglichkeiten könnten wir nutzen ...«.
- Formulieren Sie positiv und verwenden Sie ermöglichende statt beschränkende Verben. Statt »beenden, abstellen, ...« besser »freischalten, ermöglichen, einrichten, unterstützen«.
- Versuchen Sie, Interesse bis Begeisterung zu wecken. Statt »Verkaufszahlen steigern« besser »Interessenten zu begeisterten Besitzern machen«.
- Formulieren Sie der Erfahrungswelt des Teams angemessen. Statt »Wie erhöhen wir die Produktivität/Wirtschaftlichkeit von ...« besser »Wie vereinfachen/erleichtern/verbessern wir das alltägliche ...«.
- Nehmen Sie verschiedene Blickwinkel ein: Sie als Unternehmen wollen mehr Kunden erreichen. Wonach suchen aber diese Kunden, wenn Sie sich für Ihre Produkte oder Dienstleistungen interessieren?
- Versuchen Sie, so weit wie möglich, Annahmen über die Situation auszuklammern. Umso besser Sie hierauf

achten, desto erstaunter werden Sie sein, welche neuen Möglichkeiten sich eröffnen. Muss eine Kinderarztpraxis zwangsläufig durch die Vordertür betreten werden? Muss ein Büro in einem Gebäude untergebracht sein? Muss eine Webseite Text aufweisen?

- Spielen Sie mit der Dimension der Herausforderung; in beide Richtungen. Wenn Sie sich von den Details erschlagen fühlen oder Sie das Gefühl haben, die Fragestellung gibt Ihnen kaum noch Entfaltungsmöglichkeiten, versuchen Sie, die Herausforderung aus der Vogelperspektive zu betrachten. Wenn Sie das Gefühl haben, ohnmächtig einem Puzzle aus dutzenden Schwierigkeiten gegenüberzustehen, dann versuchen Sie, kleinere Gruppen zu identifizieren und sich vielleicht einer kleineren Herausforderung zu widmen als ursprünglich angedacht.

- Eine Formel, mit der Sie die Herausforderung formulieren können, aber nicht müssen, lautet: »Welche Möglichkeiten bestehen, um (OBJEKT) (KRITERIEN) (AKTION) (RESULTAT)?« Zum Beispiel: »Welche Möglichkeiten bestehen, (Design Sprints) (in sechs Monaten in unserem gesamten Unternehmen) (umzusetzen), (um alle neuen Produkte schneller und kostengünstiger zu entwickeln)?«

Um Ihnen diese Herangehensweise an einen Sprint noch besser zu veranschaulichen, nehmen wir Sie nun mit auf die Reise in unser fiktives Beispiel, die Schulküche Cookidadido. Zunächst beschreiben wir Ihnen die Situation, in der sich das Unternehmen befindet, und geben Ihnen Ideen, wie man sich der Formulierung der Herausforderung nähern könnte. Am Ende wählen wir eine Herausforderung aus, zu der wir Ihnen durch das gesamte Sprint-Geschehen Beispiele aufzeigen werden.

Unser Beispiel: »Schulküche Cookidadido«

Nehmen wir also an, Sie sind gebeten worden, einen Sprint des Schulcatering-Unternehmens Cookidadido zu moderieren. Dessen neuer Geschäftsführer möchte kurzfristig die Zahl der Essenden in den Schulen deutlich erhöhen, bei denen er schon über Lieferverträge verfügt. Langfristig soll auch die Zahl der belieferten Schulküchen steigen. Der Sprint soll sich zunächst um das kurzfristige Ziel kümmern, aber das langfristige nicht aus dem Blick verlieren.

Als Sprint Master verschaffen Sie sich zuerst einen Überblick, um zu sehen, ob Sie einen Sprint durchführen können. Sie erfahren, dass das Team des Unternehmens sich im Vorfeld bereits Gedanken gemacht und mehrere mögliche Gründe identifiziert hat, die für die geringen Buchungen verantwortlich sein könnten: die Qualität der Zutaten, die Zubereitung des Essens, die

Logistik zwischen der Großküche des Unternehmens und der Essensausgabe der Schule, die Online-Darbietung des Essens für die Kunden und das Buchungssystem. Durch Stichproben, Prozessanalysen und Kundenumfragen konnten alle Bedenken hinsichtlich der Essensqualität und Einflussfaktoren wie die logistischen Prozesse ausgeschlossen werden. Die Kunden bestätigten, dass das Essen schmackhaft ist und die Zubereitung den Erwartungen entspricht. Auch die Logistik und deren Einfluss auf den Zustand des Essens wurden genauestens analysiert und für gut befunden. Das in den Schulen ausgegebene Essen war genauso frisch und schmackhaft, wie es in der Großküche zubereitet worden war.

Deutlich schlechter schnitten die anderen beiden Faktoren ab: Sowohl das Buchungssystem als auch die

Darstellung des Essens bei der Buchung wurden als umständlich, wenig kundenfreundlich und unattraktiv identifiziert. Die Mehrzahl der Kunden tut sich schwer, auf die Fragen »Würden Sie uns weiterempfehlen?« mit einem uneingeschränkten Ja zu antworten. Eltern gaben an, dass sie oft bei der Buchung nicht wirklich einschätzen könnten, was genau hinter der Formulierung der Essensangebote stecke und ob ihre Kinder dies mögen würden. Viele wünschten sich, dass die Kinder selbst mit auswählen könnten, damit sie auch gern in die Schulküche gehen und sich mit der getroffenen Auswahl identifizieren. Mit Spaghetti Carbonara oder Ratatouille könne jedoch kein Kind etwas anfangen. Daher scheuten Eltern die Buchung, weil sie das Geld nicht unnötig in der Schulküche bezahlen wollten, wenn das Kind eben nicht in die Kantine geht, sondern lieber einen Döner oder Pommes am Imbiss gegenüber der Schule isst. Ferner wünschten sich einige Eltern ein flexibleres Bestellmodell, bei dem auch tageweise Speisen abgewählt oder krankheitsbedingt abbestellt

werden können. Eltern und Kindern wünschen sich außerdem die Möglichkeit, die Bewertung des Essens durch andere Konsumenten einsehen zu können oder selbst Feedback zu den Speisen zu geben.

Die Herausforderung für Sie im geplanten Design Sprint liegt nach der Recherche zur Situation also im Onlineauftritt und Bestellbereich des Unternehmens. Ihre ersten Ideen für die Herausforderung, die Sie mit dem Entscheider abstimmen, sind: »Welche Möglichkeiten bestehen, um den Onlineauftritt und die Buchung unseres Schulessens so zu gestalten, dass die Mehrzahl aller Schulkinder selbstständig ihr Essen bestellen kann?« oder »Welche Arten der Bestellung können wir einrichten, damit die Mehrzahl der Eltern den Bestellvorgang flexibel durchführen kann?« oder »Wie können wir über die Darstellung unseres Essens online eine emotionale Bindung der Kinder zu ihrem Schulessen aufbauen?« oder »Sind wir in der Lage, Informationen, Feedback, emotionale Bindung und ein benutzerfreundliches Buchungssystem zu vereinen?«.

Sie müssen nun als Sprint Master entscheiden, welche Formulierung Sie dem Entscheider als Herausforderung für den Sprint vorschlagen. Mit Blick auf die Formel, an der Sie sich orientieren, legen Sie dem Entscheider folgende Formulierung vor:

»Welche Möglichkeiten bestehen, ein verständliches, flexibles, informatives, feedback-freundliches Online-Buchungssystem zu erstellen, das Eltern und Kinder gleichermaßen begeistert?«

Budget und Zeit

Ein Sprint soll Sie und Ihr Team bei überschaubaren Kosten schnell und weit an eine Lösung heranführen. Trotzdem ist er auch nicht umsonst zu haben. Das Teuerste sind die Personalkosten, denn Sie versammeln ein Team von sieben bis zehn Fachkräften inklusive eines Entscheiders bestenfalls für volle vier Tage. Darüber hinaus investiert Ihr Auftraggeber in Materialien, Raumkosten und Verpflegung für die vier Tage und eine Aufwandsentschädigung für Ihre Testkandidaten am letzten Sprint-Tag. Kaufen, buchen, blockieren, reservieren und verpflichten Sie alles und alle rechtzeitig. Gehen Sie sorgfältig mit diesen Ressourcen um und lassen Sie sich wenn nötig alle Kosten weit im Vorfeld genehmigen.

Wir haben einige Sprint-Versuche vorgestellt bekommen, die dann an der Ressourcenverknappung gescheitert sind. Es hilft nicht, wenn der Entscheider nur teilweise anwesend ist, wenn Sie in einem viel zu kleinen Raum an einem einzigen kleinen Whiteboard arbeiten oder mit ein paar lieblos belegten Brötchen vier Tage kreativ sein wollen. Wenn es nicht anders möglich ist, müssen Sie so arbeiten. Wenn es aber nur der Kurzfristigkeit und Ihrer schlechten Organisation geschuldet ist, dass Ihr Sprint-Team derart improvisieren muss, dann lassen Sie es bitte. Der Mangel wird keine Trotz-Kreativität freisetzen, sondern Frust auf allen Seiten erzeugen.

Sprint-Team

Bei der Auswahl des Sprint-Teams ermutigen Sie bitte alle Beteiligten, ihre Komfortzonen zu verlassen. Denn diese lassen eher homogene Teams aus Designern, Konzeptern oder Teammitgliedern, die sich schon des Öfteren mit überzeugenden Ideen hervorgetan haben, zusammenfinden. Die brauchen Sie natürlich auch, aber nicht nur. Statt eines eingespielten Teams brauchen Sie für Ihren Sprint eine explosive Mischung. Menschen, die weder täglich zusammenarbeiten noch gut zusammenpassen, die am besten aus verschiedenen Berufen und Altersgruppen kommen. Je mehr sich die Lebens- und Arbeitswelten Ihrer Teammitglieder unterscheiden, je bunter die Erfahrungen jedes Einzelnen und je verteilter deren Berührungspunkte mit ihrer Produktwelt sind, desto besser. Denn aus dem Aufeinandertreffen ganz unterschiedlicher Perspektiven entstehen die besten Ideen. Alle Teammitglieder sind dadurch zu Perspektivwechseln gezwungen, die ihre Kreativität befeuern und sie dazu zwingen, Annahmen auch kritisch zu hinterfragen. Und aus dem Zusammenspiel heraus gewinnen Sie die Dynamik, die Sie für Ihren Sprint benötigen. Bedenken Sie verschiedene Felder wie Kundendienst, Marketing, Sales, Technik, Logistik, Entwicklung, Management, Finanzen und Design. Wer eine andere Sichtweise auf Ihre Herausforderung haben könnte und später bei der Fortführung des Projektes auch Teil des Teams sein wird. Unser Tipp: Holen Sie sich jemanden aus dem Kundensupport ins Team. Denn dort läuft alles auf, was Sie sich nicht im Entferntesten vorstellen können. Vor allem aber erreichen Sie so eine Detailtiefe für bestimmte Fragestellungen, die Ihnen meist kein anderes Teammitglied geben kann; sowohl für die Beschaffenheit der Produkte und Dienstleistungen des durch Ihr Team vertretenen Unternehmens als auch für die Probleme in der Anwendung, die bestehende Nutzer haben.

Für uns haben sich diverse Teams mit sieben bis zehn Mitgliedern bewährt. Wir haben es auch in kleineren Gruppen mit vier oder fünf Teammitgliedern versucht. Dies hat sich aber nachteilig auf die Ergebnisse ausgewirkt. Zum einen fehlte uns eine wichtige Perspektive, zum anderen kamen wir schlichtweg nicht auf die Quantität, die es braucht, um ein Feuerwerk an Ideen zu generieren, das eine echte Auswahl ermöglicht. Die Ergebnisse waren gut. Wenn wir nicht den Vergleich anderer Sprints gehabt hätten, wären wir mit Sicherheit zufrieden gewesen. Aber es macht einen Unterschied, ob ich als Sprint-Team meistens zielgerichtet die Lösung mit dem meisten Potenzial wähle oder ob ich minutenlang hin und her überlegen muss, für welche Lösung ich mich entscheide, weil so viel Potenzial in mehreren Ent-würfen liegt.

Auch Sprints mit elf bis 15 Mitgliedern haben wir ausprobiert, weil Teams unbedingt alle Mitglieder dabeihaben und keinen ausschließen wollten. Das Problem ist – abgesehen davon, dass Sie als Sprint Master am Ende ziemlich ausgelaugt sind von Ihren Bemühungen, alle Teammitglieder gleichermaßen einzubinden und auf sie einzugehen –, dass Sie und Ihr Team von der übergroßen Fülle der eingebrachten Ideen erschlagen werden und irgendwann keine echte Auswahl mehr möglich ist. Wenn Ihre Teamteilnehmer keine echte Entscheidung treffen, weil es aussichtslos ist, alle guten Ideen gegeneinander abzuwägen, erzeugt das nicht nur Frust, sondern bringt sie auch um die für den Sprint nötige emotionale Bindung, das Einsetzen für die Vorteile einer Lösung, deren Umsetzung sie entgegenfiebern. Bringen Sie stattdessen wichtige ergänzende Perspektiven in der ersten Sprint-Phase über die bereits erwähnten Gastauftritte, die Lightning Talks, ein. Hier können Experten des jeweiligen Fachgebietes für eine kurze Zeit am Sprint teilnehmen und das Sprint-Team mit zusätzlichen An- und Einsichten versorgen. Ausführliches zum Ablauf erklären wir Ihnen in der ersten Sprint-Phase.

Einer der wichtigsten Teilnehmer Ihres Sprints ist der Entscheider. Entscheider sind diejenigen, die auch im Unternehmensalltag die Entscheidungen treffen und deren Konsequenzen tragen müssen. Das Problem dabei: Entscheider sind oft diejenigen mit der wenigsten Zeit im vollen Terminkalender. Daher tendieren sie dazu, sich nur kurz in Sprints einbringen zu wollen, um sich anderen Aufgaben widmen zu können. Es fällt Ihnen aber auf die Füße, wenn Sie den Entscheider für wichtige Meetings, Telefonate, andere Projekte aus dem Sprint gehen lassen. Es hinterlässt eine Lücke in der Sprint-Dynamik, es verändert das Team und dessen Interaktion und egal wen der Entscheider in seiner Abwesenheit mit der Entscheidungskompetenz ermächtigt: Niemand weiß hundertprozentig, was im Kopf des Entscheiders vorgeht. Wir haben eine Handvoll Sprints versucht, in denen der Entscheider stundenweise abwesend war und ganz selbstverständlich seine Macht an jemand anderes übergeben hat. Der Ermächtigte hat voller Überzeugung im Sinne des Entscheiders entschieden. Aber wir haben fünf Stunden später nach der Wiederkehr des Entscheiders alle bis dahin vollzogenen Prozessschritte wiederholt, weil der Entscheider doch anders entschieden hätte und mit dem Fortgang des Sprints in seiner Abwesenheit nicht einverstanden war. Auch wenn Ihnen Entscheider sagen werden, dass es unmöglich ist, so viel Zeit am Stück frei zu schaufeln: Es muss sein. Sie kommen sonst nicht zu den gleichen Ergebnissen wie in seiner Anwesenheit. Es gibt aber Möglichkeiten, den Entscheider weiter zu entlasten: an Tag 3 und 4. Während der Erstellung des Prototyps muss der Entscheider nicht zwingend mitarbeiten. Er sollte aber auf jeden Fall den Probelauf begleiten und vor Ort sein Feedback geben können. Wir haben es mehrere Male erlebt, dass der Entscheider hier noch ganz entscheidende Korrekturen vornahm, die am Ende einen großen Unterschied beim Nutzertest am Folgetag gemacht haben. Es ist wie den gesamten Sprint über auch: Wenn Sie einen guten Entscheider haben, können Sie seine strategische Kompetenz durch nichts und niemanden ersetzen.

Am vierten Tag, wenn Sie den Prototypen testen, brauchen Sie den Entscheider nicht mehr vor Ort und als Teil des Teams. Denn bis dahin haben Sie alle wichtigen Entscheidungen getroffen und überprüfen nun die gesamte Arbeit des Sprints. Je nachdem, welche Art von Prototyp Sie haben und welche Technik Sie für die Interviews am letzten Tag benutzen, kann der Entscheider auch remote den Kandidatentest verfolgen. Wie das geht, erklären wir Ihnen in unseren Ausführungen zur fünften Sprint-Phase.

Letzter und wichtigster Tipp für die Teamzusammensetzung: Sorgen Sie dafür, dass Sie mindestens einen Designer im Team haben, der am letzten Tag mit dem Erstellen von Prototypen vertraut ist. Auch wenn alle Sprint-Theorie sagt, dass jeder einen Prototyp mit bekannten Mitteln erstellen kann – was grundsätzlich richtig ist und Teams in unseren Sprints auch schon bravourös gemeistert haben –, es nimmt Ihnen und Ihrem Team eine große Last, wenn jemand im Prototyping geübt ist und zeitsparend die Umsetzung übernimmt. Die Zeit, die Sie nicht auf das Erstellen eines Prototyps als solches verwenden müssen, bleibt für kreative geistige Vor- und Zuarbeit; also für ein noch besseres, aussagekräftigeres Ergebnis.

Sprint Master und Dokumentation

Da Sie dieses Buch in den Händen halten, brauchen Sie eines im Vorfeld nicht: einen Sprint Master für Ihren Sprint zu suchen. Glückwunsch, diese Entscheidung haben Sie schon getroffen. Wir mögen generell den englischen Begriff »Facilitator« für diese Rolle gern, denn er erfasst, was Sie eigentlich machen: Sie helfen, Sie unterstützen, Sie erleichtern, Sie machen Dinge möglich, die ohne Ihre umsichtige Leitung durch die Übungen nicht möglich wären. Leider kommt dieser Begriff unseren deutschsprachigen Kunden nur sehr schwer über die Lippen. Daher behelfen wir uns – neben dem Facilitator – auch mit der international üblichen Bezeichnung

Sprint Master und hoffen, Sie können Ihre Rolle mit allen Facetten des Sprint-Gastgebers für sich selbst definieren und ausfüllen. Den ansonsten im Deutschen gern gebrauchten Begriff »Moderator« lehnen wir ab. Sie sind kein Showmaster, der durch die Veranstaltung führt und ansonsten ein riesiges Produktionsteam um sich hat, das alle anderen Dinge regelt. Sie sind eher selbst das riesige Unterstützerteam und vereinen alle Kompetenzen auf sich.

Eine weitere wichtige Aufgabe, die auf Sie neben der Sprint Master-, Gastgeber-, Vermittler-, Möglichmacherrolle auf Sie zukommt, ist die Dokumentation. Wenn Sie es sich leisten können, dann nehmen Sie einen zusätzlichen Kollegen in die Pflicht, der Ihnen besonders am ersten und zweiten Tag bei der Dokumentation zur Hand geht. Sie schaffen das aber auch allein. Eine Kamera sollte Ihr Begleiter nach jedem Prozessschritt des Sprints sein. Sie bauen so Ihrem Team eine wertvolle Gedächtnisstütze, ein kleines Sprint-Archiv, auf das es bei jeder Gelegenheit zurückkommen und Inspiration bekommen kann.

Sprint-Raum

Der Sprint-Raum ist wie eine große Kreativhöhle, ein begehbares Ideenreservoir, das Sie und Ihr Team nach und nach gestalten und einrichten. Suchen Sie sich einen Raum, der

vier Tage ausschließlich Ihnen zur Verfügung steht. Mit viel Platz und vielen freien Wänden, damit Ihr Team sich im wahrsten Sinne des Wortes entfalten kann. Je mehr Arbeitsergebnisse Sie während des Sprints an Wänden oder Whiteboards hängen lassen können, umso besser prägen sich diese in das kollektive Teamgedächtnis ein. Unser Gehirn kann Bilder besser aufnehmen und abspeichern. Daher ist es äußerst wertvoll, wenn Sie nicht nach jedem Schritt das Erarbeitete abnehmen oder abwischen müssen. Es ist dann auch für Ihr Team weg und nicht mehr so präsent, egal, wie gut Sie dokumentieren. Es gibt außerdem zusätzliche Energie und Zufriedenheit, wenn Ihr Team sehen kann, was es schon geschaffen hat, wie es Stück für Stück der Lösung entgegenarbeitet und dabei großartige Entwürfe hervorbringt. Diese kleinen Erfolge die ganze Zeit vor Augen zu haben, setzt emotional und inhaltlich enorme Schaffenskraft frei. Und Sie müssen als Sprint Master nicht dauernd prüfen, ob alle auf dem gleichen Stand sind, denn dieser hängt gut sichtbar um das Team herum.

Natürlich wissen wir, dass Sie meistens nur auf die Räume zurückgreifen können, die Ihr Unternehmen bietet. Suchen Sie sich einen, der dem Ideal am nächsten kommt. Dafür benötigen Sie einen lichtdurchfluteten, rund vierzig Quadratmeter großen Raum, dessen Wände Sie ausgiebig nutzen können, um sie zu beschreiben und zu bekleben. Am geeignetsten sind großflächige Whiteboards oder mit Tafelfarbe grundierte Wandflächen. Durch elektrostatische Aufladung selbsthaftende und beschreibbare Flipchart-Folien helfen Ihnen, Wände zusätzlich zu präparieren.

Während eines Sprints wechseln Sie beständig zwischen Schreibtischarbeiten, wie Schreiben und Zeichnen, und Abstimmungsrunden, bei denen sich das gesamte Team um mehrere Skizzen gruppieren muss. Ihre Möbel sollten das mitmachen. Wir nutzen leichte, stapelbare Stühle und höhenverstellbare Tische auf Rollen. Neben den Whiteboards an den Wänden haben wir in unserem Sprint-Raum zwei große, beidseitig beschreibbare Whiteboards auf Rollen, die wir während des Sprints mehrfach verschieben und mal als Arbeitsfläche und mal als Raumteiler verwenden. Wenn Sie sich die Möbel nicht aussuchen können, versuchen Sie, möglichst leicht verschiebbare Tische und Stühle oder Sitzgelegenheiten im Raum zu versammeln. Wir haben schon einmal einen Konferenzraum in Eiche rustikal gegen den sonnendurchfluteten Büroflur getauscht, weil die Massivität der Möbel uns und das Team physisch und psychisch jeglicher Flexibilität beraubte.

Machen Sie sich am besten schon vor Sprint-Beginn einen Plan, wie Sie den Raum am besten nutzen. Für welche

Übung eignet sich welche Ecke? Wann brauchen Sie wie viel Platz und welche Möbel? An welcher Stelle ist genug Platz, damit sich das Team dort versammeln kann? An welchen Wänden können Sie Arbeitsergebnisse gut und dauerhaft hängen lassen? Wie ist die Akustik im Raum? Wie weit sind Ihre Wege, die Sie für die Mittagspausen und zu den Toiletten zurücklegen müssen? Können Sie unter Berücksichtigung dieser Faktoren insgesamt im Zeitplan bleiben? Am besten Sie gehen schon einen Tag früher in den Raum, nehmen sich einen Moment Zeit und lassen alles auf sich wirken. Sie sind dann selbst auch ruhiger und geraten nicht unter Stress, wenn Sie von einer zur nächsten Übung wechseln.

Zusätzlicher Raum und Technik für die letzte Sprint-Phase

Am letzten Sprint-Tag testet Ihr Sprint-Team seinen Prototyp und saugt jede Information und jeden Hinweis auf, den die Testnutzer geben. Gleichzeitig müssen Sie eine möglichst realistische und entspannte Testsituation für den Testkandidaten herrichten, damit dieser unbeeinflusst und in Ruhe den Prototyp erkunden kann. Dabei darf also Ihr Sprint-Team nicht im Kreis um die Kandidaten herumsitzen, mit Argusaugen jede Bewegung beobachten und jede Äußerung bewerten. Die Spannung des Teams überträgt sich automatisch auf den Kandidaten. Dieser wird dann das Gefühl einer Prüfungssituation nicht mehr los und agiert zurückhaltender mit seinem Feedback. Daher müssen Sie Testkandidaten und Ihr Team trennen, ohne dass wertvolle Informationen verloren gehen: Sie benötigen einen zweiten, am besten nebenliegenden Raum für den Interviewtag und die nötige Technik, um das Interview aus diesem in den Sprint-Raum zu übertragen.

Es gibt leider keinen ganz einfachen Trick, wie Sie dies gewährleisten, und keine preiswerte Software, die alles kann. Verwenden Sie, was in Ihrem Unternehmen existiert, und probieren Sie es aus. Wir nutzen in unseren Sprints *appear.in*, manchmal auch in Kombination mit *ManyCam.com*. Wir erklären Ihnen im entsprechenden Sprint-Kapitel zur Vorbereitung der technischen Übertragung der Interviews, wie Sie die Übertragung aufsetzen können. Warten Sie mit der Installation aber bitte nicht bis zu diesem Zeitpunkt, sondern testen Sie Ihre Übertragungslösung ausreichend, damit am letzten Sprint-Tag nichts schiefgeht. Für Sie und Ihr Team ist es der Höhepunkt des Sprints. Alles läuft auf diesen Punkt hinaus. Bringen Sie sich und das Team nicht um diesen Moment, nur weil Sie in der Vorbereitung nachlässig waren. Es wäre unglaublich schade.

Zahlen, Fakten, Kundenumfragen, Nutzungsverhalten

Da Ihr Design Sprint aus dem Nichts heraus in die Vollen gehen muss, ist es sinnvoll, dass Sie vorher alle relevanten Dokumente sammeln, die für den Sprint von Nutzen sein könnten. Insbesondere Dokumentationen gescheiterter Projekte zu diesem Thema, Kundenumfragen und Auswertungen über Nutzungsverhalten sind von besonderer Bedeutung. Umso weniger vage Annahmen Ihrem Sprint zugrunde liegen und umso mehr belastbare Fakten Sie als Basis für Ihre Design-Sprint-Expedition zusammenbekommen, desto treffsicherer werden später die Lösungsideen Ihrer Sprint-Teilnehmer sein. Stellen Sie daher alle Informationen, derer Sie habhaft werden können, sinnvoll für Ihr Team zusammen und schaffen Sie so die profunde Grundlage, auf der Sie den Sprint aufbauen.

Zusätzliche personelle Ressourcen

Planen Sie weitere Entwickler und Designer ein, die Sie am Tag der Prototyp-Erstellung unterstützen können; je nachdem, wer sich in Ihrem Team befindet, welche Ideen Sie und der Entscheider haben und welche Art von Prototyp am Ende entwickelt werden könnte. Diese Profis können Ihr Team mit ihrem Know-how an diesem Tag enorm entlasten. Manchmal wollen Entscheider auch nach dem Sprint direkt in die Umsetzung gehen. Dann sollten Sie auch dafür schon einmal Ressourcen ausloten, die das Projekt nach Ihrem Sprint übernehmen. Es ist wichtig, einen funktionierenden Prototyp stressfrei erstellen zu können. Das gelingt Ihnen aber auch ohne Designer-Unterstützung in PowerPoint oder Keynote, wenn Ihr Team ein wenig Erfahrung in der Erstellung von Präsentationen hat. Es lässt sich immer erst für den konkreten Sprint bestimmen, wie viel Aufwand sinnvoll ist, um bestmögliche Ergebnisse zu erzielen. Die Gefahr zusätzlicher Designer oder Entwickler besteht darin, plötzlich zu viel zu wollen und statt eines Prototyps schon in die Umsetzung eines halbfertigen Produktes zu gehen. Wägen Sie also sorgsam ab, ob und wie viel Unterstützung Sie brauchen. Sie können auch erst einmal Kollegen bitten, Zeit für Sie zu reservieren, und dann am Dienstagabend nach Rücksprache mit Ihrem Sprint-Team entscheiden, ob Sie die Herausforderung allein meistern oder Hilfe benötigen.

Verpflegung

Sie und Ihr Team leisten während des Sprints über Stunden Kopfarbeit auf höchstem Niveau. Was die Kreativarbeit angeht, ist ein Sprint für die Gehirne des Teams eher ein Marathon, der Ihnen zyklisch Höchstleistungen abverlangt. Das bedeutet: Weg mit den üblichen Meeting-Keksen, die Ihnen ein kurzes Zwischenhoch ermöglichen und Sie danach zuverlässig in ein Loch fallen lassen. Sie als Sprint Master sind dafür verantwortlich, dass das Team die Tagesleistung bringen kann, die Sie benötigen. Daher besorgen Sie ihnen ausreichend erfrischende Getränke und Koffeinversorgung sowie jede Menge gesundes, nahrhaftes, frisches Essen, das eine hinreichende Energieversorgung gewährleistet. Obst, frisch und getrocknet, Nüsse, Samen, Joghurt und ein gutes, nicht zu schweres Mittagessen sind eine gute Grundlage für die Anforderungen des Sprints.

Sprint Brief

Am besten ist es, Sie halten alle vorangehenden Punkte in einem Sprint Brief fest. Brief kommt aus dem Englischen und steht somit nicht für das deutsche schriftliche Format Ihrer Ausführungen, sondern für die englische Bezeichnung der Kürze und Reduktion auf das Wesentliche: ein Briefing. Mit diesem können Sie sicher sein, dass Sie sich gut vorbereitet und nichts vergessen haben. Legen Sie diesen Sprint Brief dem Budgetverantwortlichen vor und erklären Sie so, was Sie vorhaben und wie hoch die Kosten ungefähr sein werden. So stellen Sie von Anfang an Transparenz her und sichern sich die volle Unterstützung für Ihr Vorhaben. Wir geben Ihnen hier eine für uns praktikable Vorlage.

Vorlage für einen Sprint Brief:

DIE HERAUSFORDERUNG:

Welche Herausforderung soll im Sprint gelöst werden?

GEWÜNSCHTE ERGEBNISSE:

Was soll das Team im Sinne des Entscheiders während des Sprints erstellen? Zum Beispiel: einen Website-Prototypen, eine Raumneugestaltung, eine Prozessanpassung, ein Konzept für die neuartige Kundenansprache.

Streben Sie in der Konzeption nach dem bestmöglichen qualitativ Umsetzbaren. Ein möglichst testbarer ausgereifter Prototyp oder ein mit Laienwissen fertiggestelltes Video sind besser als nur eine Bauskizze oder ein Ablaufplan.

LOGISTIK:

Wer: *Namen der Teammitglieder und deren volle Verfügbarkeit über vier Tage*

Entscheider: *Name der- oder desjenigen, der die Entscheiderrolle im Sprint einnimmt*

Sprint Master: *Ihr Name*

Wann: *Sprint-Daten, 9–18 Uhr täglich*

Wo: *Raumbuchungen*

Verpflegung: *Ihr Verpflegungsplan für Sie und das Team*

Materialien: *Ihre Besorgungen für den Sprint und für die Materialien des Prototypbaus*

Testnutzer: *Welche Zielgruppe kommt für die letzte Sprint-Phase infrage und welche Entlohnung bekommen diese für ihre Teilnahme?*

Kosten: *Überblick der Kalkulation aller obigen Kosten*

FREIGABE & RESSOURCEN:

Stakeholder: *Wer hat Interesse am und Budget für dieses Sprint-Projekt?*

Freigabe: *Wer gibt Ihnen diesen Sprint Brief und die Kosten hierfür frei?*

Entwickler-Ressourcen: *Benötigen Sie vielleicht am vorletzten Sprint-Tag oder danach zusätzliche Entwickler? Wenn ja, wer könnte wann wie viel übernehmen?*

Design-Ressourcen: *Benötigen Sie vielleicht am vorletzten Sprint-Tag oder später Designer? Wenn ja, wer könnte wann wie viel übernehmen?*

PROJEKTSTATUS und RELEVANTE INFORMATIONEN:

1. Stand des Projektes

Was wurde bereits erstellt? Ist die Herausforderung neu und ohne jegliche Vorgeschichte oder gab es schon Lösungsansätze, die verfolgt, verworfen oder zurückgestellt wurden?

2. Hindernisse

Was stand einer Lösung bisher im Weg, wenn es schon Lösungsversuche gab?

3. Erfolge

Gab es schon Erfolge bei versuchten Lösungen bzw. vielversprechende Ansätze oder Erkenntnisse?

4. Daten und Fakten, Kundenumfragen und Nutzungsverhalten

Gab es schon Umfragen und Auswertungen zu Kunden-Nutzungsverhalten? Welche weiteren Zahlen und Fakten liegen vor, die für den Design Sprint von Bedeutung sein könnten?

5. Launch-Plan

Wie schnell soll die Lösung, die im Sprint designt wird, idealerweise umgesetzt werden? Was wird aus heutiger Sicht wohl zuerst nötig sein? Zum Beispiel Website, Marketingkampagne oder das Produkt selbst.

UNTERSCHRIFT zur FREIGABE des DESIGN SPRINTS inkl. KOSTEN

_____

Datum, Ort, Name Design-Sprint-Sponsor/-Entscheider

Einladung an alle Sprint-Teilnehmer

Es hat sich für uns bewährt, als Sprint Master eine persönliche Einladungs-E-Mail an alle Teammitglieder zu versenden. Darin können Sie kurz sich selbst vorstellen, wenn Ihr Team Sie noch nicht kennt, und die logistischen Abläufe, inhaltlichen Grundlagen und notwendigen Zusatzinformationen bekanntgeben. Hängen Sie den Sprint Brief an Ihre E-Mail an. Im Folgenden haben wir Ihnen ein Beispiel für eine E-Mail formuliert, die Sie nutzen können. So stellen Sie sicher, dass alle Teammitglieder auf einem annähernd gleichen Wissensstand sind und Sie mögliche Fragen zum Vorgehen oder Bedenken schon im Vorfeld adressieren und klären können. Damit geht Ihnen am ersten Sprint-Tag keine wertvolle Zeit verloren, die Sie nicht eingeplant haben.

Liebe Sprint-Teilnehmer,

ich bin _____ (Name), _____ (zusätzliche Informationen) und möchte Euch recht herzlich zu unserem gemeinsamen Design Sprint ab dem _____ (Datum) einladen. Wir werden vier volle Tage von 9 bis ca. 18 Uhr miteinander arbeiten und ich freue mich sehr darauf! An den ersten beiden Tagen werden wir uns in die Situation einarbeiten, externe Experten zu ihrem Wissen befragen und eigene Lösungsvorschläge entwickeln. Am dritten Tag bauen wir einen Prototyp, den wir am vierten Tag an potenziellen Nutzern testen. Im Anhang zu dieser Mail sende ich Euch den Sprint Brief. Bitte lest vor allem meine Ausführungen zu bestehenden Nutzerumfragen und -verhaltensauswertungen, damit wir auf Basis dieser Fakten am Morgen des ersten Tages gleich starten können. Bitte seid rechtzeitig eine halbe Stunde vor Sprint-Beginn vor Ort, denn wir haben uns viel vorgenommen und wollen pünktlich starten. Denkt bitte auch daran, entsprechend Abwesenheitsassistenten für Eure Erreichbarkeit einzurichten. Denn ich verspreche Euch, vor 18 Uhr werdet Ihr jeden Tag wenig Zeit haben, um Euch um andere Dinge als unser Sprint-Anliegen zu kümmern. Wenn Ihr noch Fragen habt, dann meldet Euch doch bitte per E-Mail an _____ oder per Telefon unter der _____ .

Solltet Ihr Euch gerne ein wenig auf den Sprint einstimmen wollen, dann schaut Euch auf YouTube den TED-Talk »How to make toast« von Tom Wujec an. Es gibt ihn auch mit deutschen Untertiteln. Dann versteht Ihr, worauf wir gemeinsam aufbauen wollen.

Ich freue mich auf unseren gemeinsamen Sprint.

Viele Grüße

_____

Euer Sprint Master

Was müssen Sie für den Sprint vorbereiten? (noch ein bis zwei Wochen bis zum Sprint)

Die zwei Wochen vor dem Sprint verbringen Sie wenig mit inhaltlichen Vorarbeiten. Vielmehr gilt es, alle organisatorischen Vorkehrungen zu treffen, um einen reibungslosen Design Sprint mit einem ausgeruhten, gut versorgten, konzentrierten Team sicherzustellen. Auch alle externen Gäste und die Testkandidaten für den letzten Sprint-Tag sollten Sie in dieser Zeit einladen und deren Zusagen einholen.

Anreise und Unterkunft organisieren

Nicht immer ist Ihr gesamtes Team an einem Standort versammelt. Je größer und komplexer Ihr Projekt ist, desto mehr Sprint-Teammitglieder reisen an. Besonders in Unternehmen mit Controlling-Abteilung heißt das oft: Den ersten Flieger des Tages um 6:10 Uhr in Köln, München oder Frankfurt nehmen und ab 9:00 Uhr im Sprint-Meeting in Berlin sitzen. Lassen Sie das sein. Überzeugen Sie Ihren Auftraggeber, dass das am falschen Ende gespart ist. Niemand, der um 4:30 Uhr das Bett verlassen hat, ist am Nachmittag noch voll einsatzfähig. Spätestens ab 16 Uhr können Sie diese Sprint-Mitglieder nicht mehr wirklich belasten. Von kreativen Höchstleistungen ganz zu schweigen. Sie sind aber darauf angewiesen – und das am ersten Tag noch mehr als an allen anderen Tagen –, dass jedes einzelne Sprint-Mitglied ausgeschlafen und fit an die Herausforderung herangeht. Das gilt im Übrigen auch für Sie als Sprint Master! Reisen Sie unbedingt am Vorabend an, essen Sie vernünftig und gehen Sie früh schlafen. Sie haben einen Sprint vor sich und Sie wollen etwas Großes erreichen. Also müssen Sie sich auch akribisch vorbereiten und vernünftig verhalten wie die Welt-Sprint-Legende Usain Bolt vor seinen größten Erfolgen.

Geeignete Testkandidaten für das Interview finden

Da der Fokus des Prototyps erst während des Sprints festgelegt wird, ist es nicht immer möglich, geeignete Testkandidaten schon im Vorfeld zu suchen. Wenn Sie aber eine Vorstellung davon haben, welche Gruppe von Nutzern am letzten Sprint-Tag infrage käme, raten wir Ihnen, schon weit vor dem eigentlichen Sprint mit der Verpflichtung von fünf Kandidaten zu beginnen. Der gesamte Sprint hängt davon ab, dass Sie am letzten Tag belastbare Daten erhalten. Ohne das Feedback der potenziellen Nutzer kann Ihnen der Prototyp, egal wie gut er ist, keine Antworten auf Ihre Sprint-Fragen liefern. Das Sprint-Ergebnis steht und fällt also nicht nur mit der im Sprint kreierten Lösung, sondern auch mit der Auswahl passgenauer Nutzer, die gewissenhaft testen. Je kleiner die Nische, in der Ihre zu entwickelnde Lösung angesiedelt ist, desto kleiner ist auch der Kreis geeigneter Testkandidaten, aus dem Sie rekrutieren können.

Warum eigentlich fünf Kandidaten und nicht mehr oder weniger? Mehr Kandidaten würden Ihnen sicher noch weitere zusätzliche Erkenntnisse bringen. Sie werden am letzten Tag des Sprints aber schon ab dem dritten Interview bemerken, dass sich viele Antworten der Nutzer wiederholen. Spätestens beim fünften Interview hat sich für die Mehrzahl aller Fragen und Annahmen ein klares Votum der Nutzer herauskristallisiert, für das Ihnen auch weitere Interviews keine wesentlichen neuen Erkenntnisse liefern. Setzen Sie weniger Interviews an, erkennen Sie zwar meistens Tendenzen, für einige Fragen stehen die Meinungen aber durchaus fünfzig zu fünfzig. Dann können Sie nicht wirklich entscheiden, ob es sich lohnt, die Idee weiterzuverfolgen oder nicht. Fünf hat sich daher als in einem Tag gut leistbare Interviewzahl etabliert, ein sechstes Interview würde nicht schaden, auf das fünfte zu verzichten aber schon. Jake Knapp führt in seinem Buch an, mit fünf Interviews 85 Prozent der Erkenntnisse zu gewinnen. Wir können das nicht mit Zahlen untermauern. Aber wir können bestätigen, dass wir bei weniger Nutzertests aufgrund von Absagen und Ausfällen diese an Folgetagen nachgeholt haben, um eindeutige Antworten auf unsere Sprint-Fragen gemeinsam mit unseren Teams zu finden. Planen Sie fünf Interviews fest ein. Rechnen Sie außerdem damit, dass am Sprint-Tag ein Nutzer aus persönlichen oder beruflichen Gründen trotz fester Zusage nicht teilnehmen kann. Kontaktieren Sie für diesen Fall schon im Vorfeld einen zusätzlichen Kandidaten, der zu einer alternativen Uhrzeit am Nachmittag einspringen kann und Ihnen damit die wertvollen fünf Feedbacks sichert. Je nach Prototyp und technischen Voraussetzungen müssen auch nicht alle Testkandidaten zu Ihnen kommen, sondern können den Prototyp remote testen. Aus unserer Erfahrung heraus erreichen Sie die besten Resultate, indem Sie potenzielle Testkandidaten vor Ort haben. Denn nur so kann der Interviewer eine persönliche entspannte Atmosphäre kreieren, die die Voraussetzung für offenes, kritisches Feedback ist.

Es gibt Plattformen, die Ihnen bei der Suche nach Testkandidaten behilflich sind. Sie geben dort Wunscheigenschaften an und erhalten Kontaktvorschläge. Auch die Höhe der Aufwandsentschädigung können Sie weitestgehend selbst bestimmen. Wir bevorzugen allerdings, Testkunden aus dem eigenen oder dem Umfeld des Unternehmens zu gewinnen. Zum einen können Sie diese Teilnehmer besser hinsichtlich ihrer Eignung einschätzen, zum anderen ist deren Zusage meist deutlich verbindlicher. Nichts ist schlimmer, als am letzten Tag ohne Testkandidaten dazustehen, weil die es mit ihrer Verabredung nicht ganz so genau genommen haben.

Überlegen Sie sich, welche Entlohnung die Testkandidaten für ihre Teilnahme von Ihnen erhalten sollen, und lassen Sie sich die Kosten dafür unbedingt bestätigen, wenn Sie das noch nicht mit dem Sprint Brief erledigt haben. Studenten sind sicher schon mit einem kleineren Einkaufsgutschein zufrieden, eine Gruppe Fachanwälte wird meist nicht unter dem normalen Stundensatz für Sie antreten. Suchen Sie Ihre Testkandidaten sorgfältig aus, besprechen Sie die Teilnahmebedingungen ausführlich und stellen Sie sicher, dass die Zusagen auch feste Zusagen und nicht bloße Absichtserklärungen sind. Lassen Sie sich darüber hinaus schon im Vorgespräch bestätigen, dass Sie das Interview aufzeichnen dürfen, wenn Sie dies vorhaben. Dann erleben Sie später keine Enttäuschungen.

Und noch ein Tipp: Erliegen Sie nicht der Versuchung, ein paar Kollegen und Mitarbeiter aus Ihrem Unternehmen zu bitten, doch mal als Tester einzuspringen. Sobald eine persönliche oder berufliche Beziehung zwischen dem Sprint-Team und den Nutzern besteht, verzerrt das die Ergebnisse. Das gilt sowohl für die besonders wohlwollende als auch die besonders kritische Betrachtung. Je unabhängiger und weiter weg von Ihrem Team der Nutzer steht, desto besser.

Externe Experten für die Lightning Talks einladen

Auch wenn Sie glauben, das richtige Team zusammengestellt zu haben: Es gibt immer Informationen, die das Team nicht hat und deren Ergänzung Ihren Sprint enorm bereichert: Know-how aus der eigenen Firma, aber auch vonseiten der potenziellen Nutzergruppe oder Partnerfirmen, das sinnvoll wäre, in den Sprint miteinzubeziehen. Laden Sie Vertreter mit diesem Wissen am ersten Tag ein, am Sprint teilzunehmen und ihr Wissen mit dem Team zu teilen. Diese müssen gar nicht live vor Ort sein, auch per Videoübertragung lassen sich bei entsprechender Bild- und Tonqualität schnell und preiswert weitere Experten mit erfrischend anderen Perspektiven einbinden. Diese kurzen, Ihr Themenfeld enorm erhellenden Gespräche werden in Design Sprints als Lighting Talks oder als Expertenbefragung bezeichnet. Uns gefällt das englische Wort »Lightning«, also »Blitz«, gut, weil es verbildlicht, wie in einem kurzen Moment plötzlich Klarheit in einen bis dahin vielleicht noch als vage und undurchsichtig empfundenen Themenbereich gebracht wird.

Es ist gar nicht so leicht zu identifizieren, auf welchen Gebieten Ihr Sprint-Team zusätzliches Wissen benötigt. Als vielversprechend eignen sich zum Beispiel Vertreter, die mit verschiedenen Bereichen vertraut sind: mit der Unternehmensvision, Businesszielen, User Research, Marketing und Sales, Mitbewerberanalysen, durchgeführten Produktaudits, vorausgegangenen Designentwicklungen, technischen Möglichkeiten und technologischen Grenzen oder auch mit den Mechaniken eines Produktes.

Lightning Talks geben Ihnen die Chance, an bestimmten Punkten ganz tief in die Materie einzutauchen. Sie müssen davon keinen Gebrauch machen. Ein Sprint mit einem diversen Team kommt auch gut ohne Lightning Talks aus. Aus unserer Erfahrung heraus empfehlen wir, z. B. einen einzelnen Nutzer oder einen weiteren Vertriebsmitarbeiter, der regelmäßig und ausgiebig Kontakt zu Ihren Kunden hat, zusätzlich einzuladen, wenn Sie sich sonst sicher sind, alle Perspektiven zu vereinigen. Nichts ist authentischer und aufschlussreicher als die Begegnung mit mehreren Vertretern der Kunden- und Nutzergruppe. In internationalen Unternehmen kann auch die Einladung an einen Mitarbeiter aus einem anderen Land aufschlussreich sein, wenn das in die Sphäre der Herausforderung des Sprints passt. Darüber hinaus sollte ein Experte für die technischen Machbarkeiten zusätzlich Einblick geben. Auf diesen Gebieten haben wir in unseren Sprints die meisten Fragezeichen auftauchen sehen und Überraschungen erlebt. Es schadet nicht, solche Positionen im Team *und* in einem Lightning Talk vertreten zu haben. Die individuellen Perspektiven sind nie deckungsgleich und bieten meistens weitere interessante Informationen.

Und noch ein Hinweis aus unserem Alltag: Wenn es bereits ein Vorprojekt zum gleichen Thema gab, das gescheitert ist, haben wir die besten Erfahrungen gemacht, wenn wir niemanden aus diesem Vorprojekt im Sprint-Team vertreten hatten, aber die Expertise zu den Lightning Talks in den Sprint eingeladen haben, um genau zu verstehen, wo die Probleme lagen. So haben wir vermieden, in die gleichen Fallen zu tappen, und gleichzeitig die Möglichkeit bewahrt, komplett neu zu denken und uns nicht mit den großen und kleinen Frustrationen des vorangegangenen Projektes zu sehr zu belasten.

Materialien

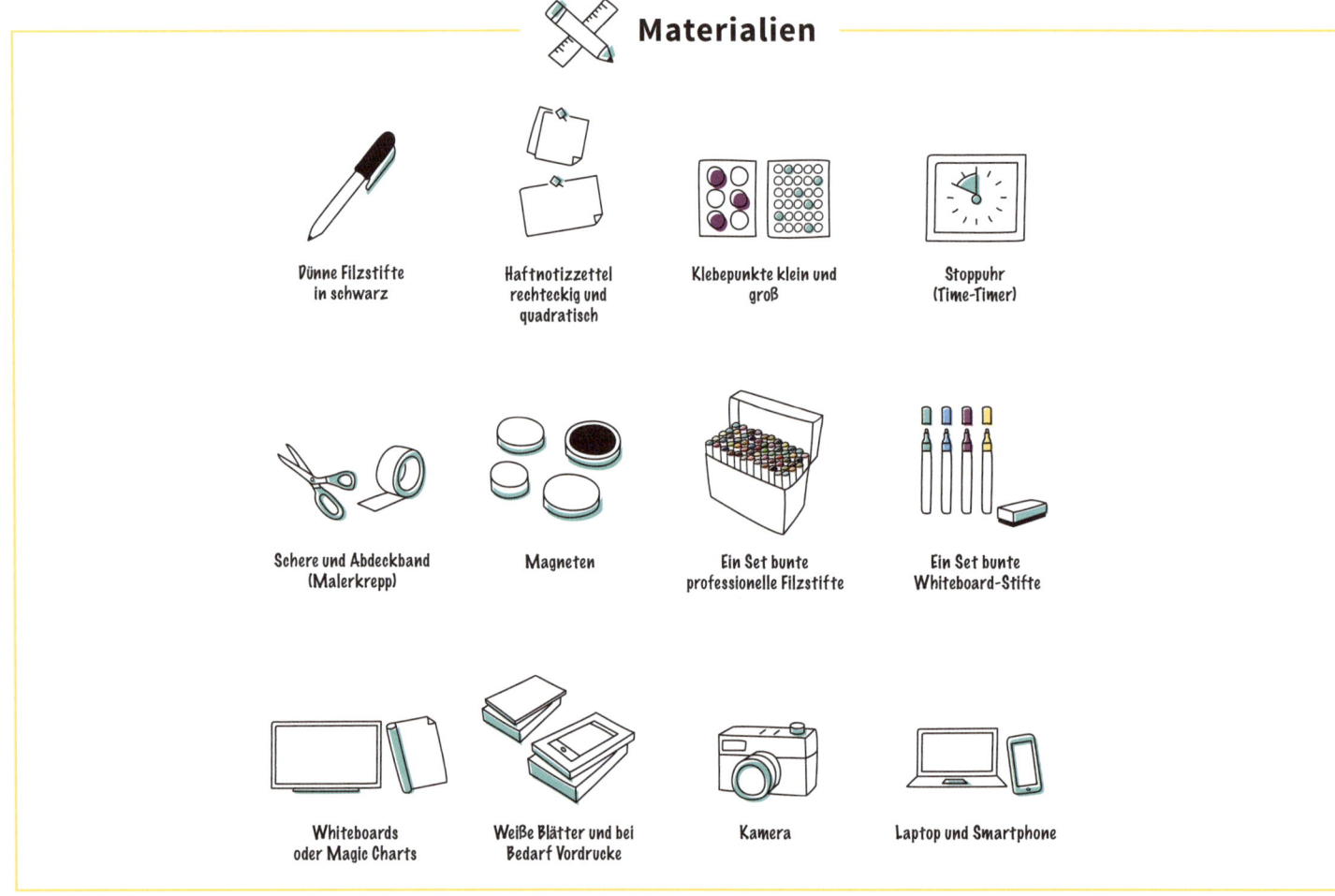

Ein Überblick über die Materialien, mit denen Sie sich im Vorfeld Ihres Sprints bevorraten sollten.

Materialien besorgen

Für Ihren Sprint müssen Sie einige Vorkehrungen treffen, damit Sie alle Übungen wie vorgesehen durchführen können. Das meiste lässt sich in einem gut ausgestatteten Büro finden. Stellen Sie sicher, dass Sie alle Materialien im Vorfeld in ausreichender Menge bereitstellen, damit Sie nachher nicht unter Druck geraten oder im Sprint aufgrund von Engpässen nicht weiterarbeiten können. Wir geben Ihnen hier einen Materialüberblick und erklären Ihnen kurz, wofür Sie welche Utensilien bereithalten sollten. Nehmen Sie außerdem Namensschilder mit in den Sprint. Diese sind besonders für den ersten Tag hilfreich, wenn sich die Teammitglieder noch nicht so gut kennen.

Dünne Filzstifte in Schwarz

Jeder Sprint-Teilnehmer benötigt einen schwarzen Filzstift, mit dem es sich gut schreiben und zeichnen lässt. Halten Sie einige zusätzliche bereit, damit verloren gegangene Exemplare und ausgehende Tinte nicht den Sprint gefährden. Seien Sie versichert: Sie können diese nicht mit Kugelschreibern ersetzen. Sie werden Sprint-Teilnehmer haben, die mit einem Kugelschreiber einen ganzen Roman auf einem kleinen Haftnotizzettel unterbringen. Außerdem wird das gesamte

Team schon ab zwanzig Zentimeter Leseabstand weder Worte noch Zeichnungen erkennen können. Das führt bei gut und gerne fünfzig Klebezetteln in einigen Übungen zu einem mühseligen Auswahlprozess. Darüber hinaus fördert ein professioneller Zeichenstift unterbewusst Ihre Teammitglieder heraus, sauber und ein bisschen besser als mit einem Kugelschreiber zu schreiben. Es ist leider wie früher in der Schule: Ein guter Füllfederhalter hat stets Schöneres hervorgebracht als der coolste Kugelschreiber. Wir arbeiten in unseren Sprints mit Paper Mate Flair M oder Sharpie Fine Point. Letztere sind leider sehr geruchsintensiv, auch wenn die Strichstärke die ideale ist.

Haftnotizzettel rechteckig und quadratisch

Wovon Sie mit Abstand die größte Menge für den Sprint vorhalten müssen, sind Haftnotizen. Es empfiehlt sich, mit zwei Größen zu arbeiten: quadratisch (ca. 7,5 x 7,5 cm) und rechteckig (ca. 12,5 x 7,5 cm). Je nachdem, wie  umfangreich die Teilnehmer ihre Antworten gestalten dürfen, verwenden Sie die kleineren quadratischen für kurze Texte, für längere Formulierungen die länglichen Zettel. Farben sind für den Großteil der Übungen nicht von Bedeutung. Wir verwenden in unseren Sprints immer zwei bis drei Farben. Achten Sie darauf, dass die Farbe nicht zu dunkel ist, da man z. B. schwarze Schrift auf kräftig blauen Zetteln nur schwer lesen kann. Erst am letzten Tag bestehen wir bei den Interviewnotizen auf zwei feste Farben: Grün und ein Rot-/Rosa-/Orange-Ton, um zwischen Positiv- und Negativaussagen zu unterscheiden. Mehr Information finden Sie im entsprechenden Sprint-Kapitel zur Vorbereitung der Interviews.

Und noch ein Tipp: Auf die Qualität und die richtige Abreißtechnik kommt es an. Sie brauchen die kleinen bunten Zettel dringend möglichst langhaftend. Im Netz gibt es dazu mehrminütige Videotutorials, wie man das Markenprodukt Post-it besser abreißt und nicht abrollt, damit sie lange haften bleiben. Machen Sie sich nicht verrückt, aber bedenken Sie, dass während eines Sprints locker bis zu 500 Haftnotizzettel Ihre Wände zieren können. Wenn auch nur die Hälfte davon bereits nach zwei Stunden der Schwerkraft nachgibt, werden Sie am Abend des letzten Tages durch Blätterhaufen laufen, die Ihnen nur noch wenig Mehrwert bieten können. Kaufen Sie also die superhaftende Variante und bitten Sie die Teilnehmer, die Zettel nicht nach oben zur Klebekante hin abzurollen, sondern nach unten wegzureißen. Stellen Sie sicher, dass sich die Klebezettelcollagen als Bilder in den Köpfen Ihres Teams einprägen können.

Klebepunkte klein und groß

Sie benötigen etwa 300 kleine Klebepunkte. Ein paar auf Vorrat schaden nicht. Die Farbe ist egal. Sie müssen nur sicherstellen, dass sich 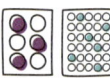 diese gut von den Farben der Haftnotizzettel unterscheidet und von Weitem sichtbar ist. Darüber hinaus benötigen Sie ungefähr 100 große Klebepunkte in zwei unterschiedlichen Farben. Eine Farbe ist für den Entscheider reserviert, die andere für die übrigen Teammitglieder. Wir nutzen in unseren Sprints neonorangefarbene kleine Punkte, große grüne für das Team und große rote für den Entscheider.

Stoppuhr (Time-Timer)

Sie müssen als Sprint Master den ganzen Sprint über die Zeit im Auge behalten und die Zeitfenster durchsetzen, die Sie dem Team für die ver- schiedenen Übungen einräumen. Daher ist die Stoppuhr Ihr fester Begleiter. Heutzutage ist eigentlich jedes Mobiltelefon oder jede Sportuhr mit einer solchen Funktion ausgestattet. Nur wenn Sie nicht wie der Sport- oder Mathelehrer von früher daherkommen und unablässig mit drohendem Unterton die Zeit ansagen wollen, ist es besser, Sie investieren in eine Uhr, die auch Ihrem Team ermöglicht, die verbliebene Zeit leicht sehen zu können. Damit das nicht in einem bedrohlichen digitalen Countdown daherkommt, wurden die Time-Timer-Uhren entwickelt. Bei diesen bildet eine farbige Scheibe die verbleibende Zeit ab, sodass keine Digitalziffern unablässig die Zeit herunterzählen und auch niemand rechnen muss, wann der Startzeitpunkt war und wie viele Minuten noch bleiben. Es gibt den Time-Timer in verschiedenen Größen. Wenn Sie sich einen großen zulegen, ist das völlig ausreichend und erleichtert Ihnen die Arbeit sehr. Sie können den Sprint aber auch ohne diese Investition durchführen.

Schere und Abdeckband (Malerkrepp)

Durch den Wechsel von auf Quantität ausgerichteten Übungen und auf Qualität reduzierenden Entscheidungen, müssen Sie immer wieder aus einer Vielzahl von Ideen auswählen. Sie trennen dabei auch Ideenelemente und setzen Sie wieder zusammen, verwerfen erneut, beginnen von vorn. Kurzum: Sie brauchen Werkzeug, um Papier schnell auseinander und wieder zusammenzufügen. Daher legen Sie eine Schere und eine Rolle schmales Malerkrepp bereit. Der Vorteil von Malerkrepp ist, neben der Tatsache, dass es beim Abreißen das Papier nicht zerstört, dass es dabei hilft, Papier an den Wänden zu befestigen oder geschwächten Haftnotizzetteln neues Klebeleben einzuhauchen.

Magnete

Wenn Sie die Möglichkeit haben, viele magnetische Whiteboards oder Wände zu nutzen, denken Sie an ausreichend Magnete. Sie können so das Malerkrepp ersetzen, um Ideen an der Wand zu halten.

Ein Set bunte professionelle Filzstifte

Am Ende der zweiten Phase müssen Ihre Sprint-Teilnehmer in Sachen Kreativität alles geben. Es liegt in Ihren Händen als Sprint Master, wie Sie das Extraquäntchen Inspiration hierfür bereitstellen. In unseren Sprints hat sich eine gut sortierte, professionelle Box von 100 farbigen Stiften bewährt, die offensichtlich Gestaltungsmöglichkeiten offeriert, an denen die Sprint-Teilnehmer ihren Spaß haben. Wir selbst arbeiten mit Touchfive Markern, speziell mit dem 80er-Set Touch Brush Marker.

Abwischbare Stifte für Whiteboard und Wände

Vier Farben helfen, um auf Boards und Wänden großflächig für alle sichtbar Gedanken wiederabwischbar festzuhalten: Schwarz, Rot, Blau, Grün. Sie können auch nur mit Schwarz arbeiten. Das wird Ihren Sprint nicht gefährden. Das Leben ist bunter einfach schöner, und ein Sprint eben auch. Stellen Sie sicher, dass Ihre Marker leicht abwischbar sind. Wir haben uns schon einen Sprint-Raum ruiniert, bei dem die Farbe nach vier Tagen dank Sonneneinwirkung auch mit aufwendigsten Chemikalien nur noch mit deutlich sichtbaren Rückständen zu entfernen war – ein für uns sehr teurer Sprint.

Zusätzliche Whiteboards oder Magic Charts

In einem Sprint-Raum gibt es meist nie genug Fläche, um alle Gedanken und Ideen zu positionieren. Wenn Sie können, legen Sie sich ein bis zwei große, beidseitig nutzbare Whiteboards auf beweglichen Rollen zu. Darüber hinaus empfehlen wir, eine Rolle Magic Charts vorrätig zu haben. Das sind elektrostatisch aufgeladene Flipchart-Folien, die Sie beschreiben und nach Belieben an Wänden und Fenstern anheften, abnehmen und neu anbringen können. Sie können so ganze Haftnotizzettel-Gruppen bei Bedarf zusammenhängend an einen anderen Ort übertragen und bieten so eine enorme Erweiterung Ihres Kreativradiusses.

Weiße Blätter und bei Bedarf Vordrucke

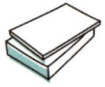

Um seine Ideen auszugestalten, benötigt Ihr Team am Ende der zweiten Phase einige Seiten weißes oder recycling-weißes Druckerpapier. Sie können zusätzlichen Mehrwert schaffen, indem Sie vorgefertigte Drucke mit den Mock-ups für mobile Applikationen oder Browserfenster bereitstellen, wenn Ihr Team an einer digitalen Lösung für ein Problem arbeitet. Fünfzig von jeder Sorte sollten ausreichend sein. Sie können diese bei Bedarf auch schnell mit dem Kopierer vervielfältigen oder beim nächsten Sprint wiederverwenden.

Kamera

Halten Sie alle Sprint-Ergebnisse digital bildlich fest. Wirklich alle. Auch die, die Sie an der Wand hängen lassen. Es ist Ihr Backup für alle Fälle. Egal wer in der Nacht zwischen Ihren Sprint-Tagen durch den Raum feudelt, fegt, lüftet: Sie können im Notfall die Ergebnisse mit etwas Aufwand wiederherstellen. Außerdem können Sie nach dem Sprint eine lückenlose Dokumentation des Sprints anfertigen und allen Teilnehmern zur Verfügung stellen. Sie schaffen so einen runden Abschluss Ihrer Arbeit.

Laptop und Smartphone

Auch wenn Sie Ihre Teilnehmer grundsätzlich darum bitten müssen, Laptops und Smartphones während des Sprints nur in den Pausen  zu nutzen, benötigen Sie diese an verschiedenen Stellen im Sprint: Zum einen zu Beginn der zweiten Phase, wenn Sie auch im Internet nach Inspiration suchen werden. Zum anderen während der Erstellung des Prototyps, wenn Sie hierbei auf diverse Tools zurückgreifen. Informieren Sie die Teilnehmer rechtzeitig und bitten Sie sie, Ihre Geräte griffbereit, aber nicht permanent zur Hand zu haben.

Verpflegung bestellen

Kaufen Sie die haltbaren Pausensnacks ein und legen Sie sich die nötigen Warm- und Kaltgetränke-Vorräte an. Machen Sie einen Plan, wie Sie jeden Morgen an frisches Obst und Joghurt oder Ähnliches kommen. Und bestellen Sie das Mittagessen oder reservieren Sie die Tische für alle vier Tage. Sie haben inhaltlich während des Sprints genug anderes zu tun. Sie werden dankbar sein, wenn Sie sich darum nicht auch noch kümmern müssen. Wir bevorzugen, wenigstens für die Mittagszeit unseren Sprint-Raum zu verlassen, anstatt das Essen über Lieferdienste zu bestellen. So können wir nicht nur unseren Sprint-Raum, sondern auch die Köpfe unseres Teams gut durchlüften, Sauerstoff tanken und bewusst auf andere Gedanken kommen. Aufgrund der intensiven Arbeit sind die Pausen ein ebenso wichtiges Element für das Gelingen eines Sprints wie die Übungen selbst.

3 Der Sprint

Ein Design Sprint besteht aus fünf Phasen und ist für ursprünglich fünf Tage konzipiert worden. Wir haben verschiedene Sprint-Längen ausprobiert und sind der Überzeugung, dass sich die fünf Phasen gut auf vier Tage verteilen lassen. Wir sparen so einen ganzen Tag Personal- und Logistikkosten, ohne wesentliche Abstriche bei den inhaltlichen Ergebnissen des Sprints machen zu müssen. Eine Verlängerung des Sprints bietet sich nur an, wenn man ganz bestimmte Phasen ausdehnen möchte oder Ihr beabsichtigter Prototyp aus im Vorfeld sorgsam erwogenen Gründen so umfangreich ausfallen muss, dass Sie einen weiteren Tag benötigen.

Im Folgenden bietet Ihnen unser Buch für jeden Sprint zunächst einen detaillierten Zeitplanvorschlag für die entsprechende Phase und listet kurz die Arbeitsergebnisse auf, die Sie an diesem Tag erreichen müssen. Ferner bieten wir Ihnen einen Überblick über Dinge, auf die Sie achten sollten, bevor wir detailliert Schritt für Schritt durch den Sprint gehen und Ihnen zu jeder Übung die Zeit, das Ergebnis und wenn nötig die Klebepunkte-Anzahl mit an die Hand geben. Wenn es Ihr erster Sprint ist, wird es sich für Sie und Ihr Team durchaus auch unangenehm anfühlen, so unter Zeitdruck zu arbeiten. Das ist normal. Versuchen Sie, dies sportlich zu nehmen und durchzuhalten. Denn die Erkenntnis, wie hilfreich dieses Vorgehen ist, stellt sich spätestens am zweiten Tag ein. Natürlich ist es auch nicht schlimm, ein paar Minuten Abweichungen zu haben. Aber gerade wenn es Ihr erster Sprint ist, seien Sie so strikt wie möglich. Sie müssen erst eigene Erfahrungen sammeln, um souverän flexibler agieren zu können. Sonst könnte Ihnen der Sprint aus den Händen gleiten.

Auch wenn wir es schon erwähnt haben: Vergessen Sie bitte nicht, sich von allen Schritten, die Sie mit Ihrem Team nacheinander abarbeiten, eine Fotodokumentation zu erstellen. Sie können immer wieder darauf zurückgreifen und es hilft Ihnen bei späteren Entscheidungen, bereits erörterte Fragestellungen zu rekapitulieren.

DESIGN-SPRINT-PHASEN

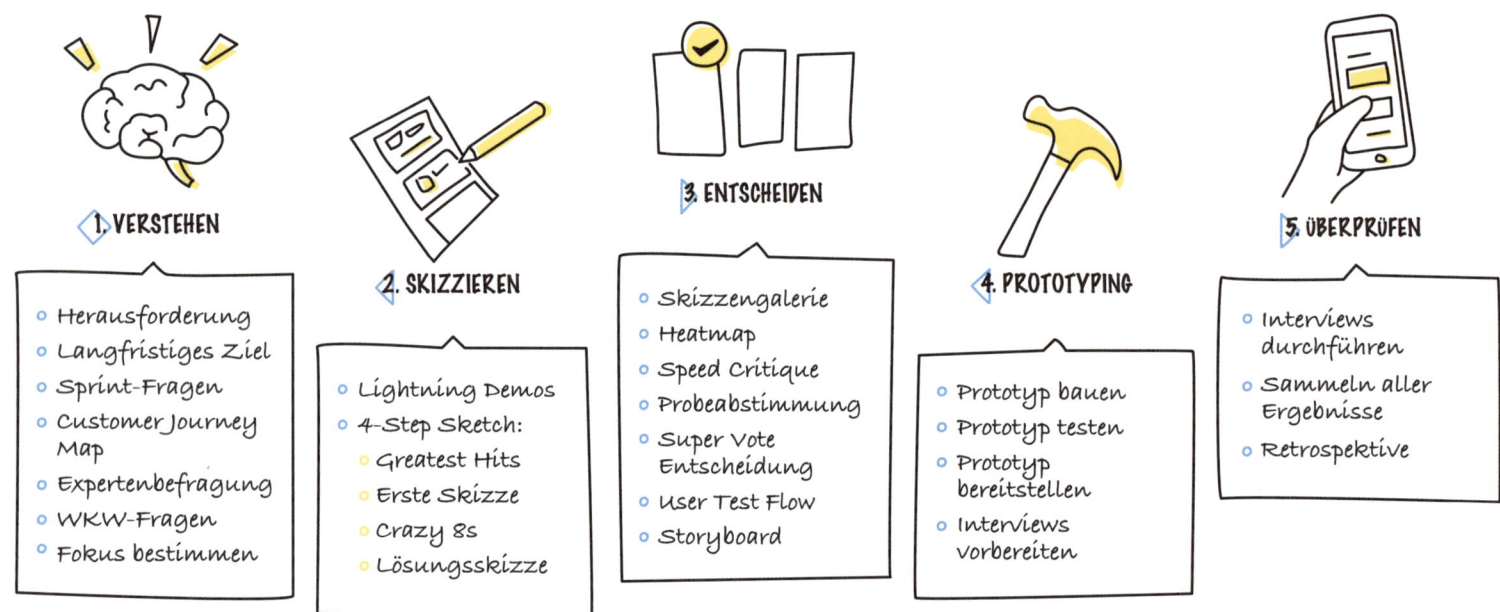

1. VERSTEHEN

- Herausforderung
- Langfristiges Ziel
- Sprint-Fragen
- Customer Journey Map
- Expertenbefragung
- WKW-Fragen
- Fokus bestimmen

2. SKIZZIEREN

- Lightning Demos
- 4-Step Sketch:
  - Greatest Hits
  - Erste Skizze
  - Crazy 8s
  - Lösungsskizze

3. ENTSCHEIDEN

- Skizzengalerie
- Heatmap
- Speed Critique
- Probeabstimmung
- Super Vote Entscheidung
- User Test Flow
- Storyboard

4. PROTOTYPING

- Prototyp bauen
- Prototyp testen
- Prototyp bereitstellen
- Interviews vorbereiten

5. ÜBERPRÜFEN

- Interviews durchführen
- Sammeln aller Ergebnisse
- Retrospektive

Hängen Sie am besten die Übersicht über die fünf Design-Sprint-Phasen gut sichtbar im Raum auf. So kann jedes Teammitglied immer verfolgen, an welchem Punkt des Sprints sich das Team in den vier Tagen gerade befindet.

Montag

Am ersten Tag werden Sie die Phase 1 (Verstehen) und die Phase 2 (Skizzieren) des Design Sprints durchleben. Er ist auf seine Art einer der anstrengendsten Tage und Sie müssen damit rechnen, dass sich im Sprint-Team am Abend ein gewisser Frust aufstauen kann. Denn Sie als Sprint Master spornen das Team zu Höchstleistungen an und es kann sich am Tagesende ein wenig ausgequetscht fühlen. Seien Sie darauf vorbereitet und sprechen Sie Ihr Team frühzeitig darauf an. Erklären Sie, dass das normal für den Sprint ist und dass sich diese Anspannung bereits am Morgen des Folgetages lösen wird. Wenn Sie das oft genug betonen, fällt es dem Team auch leichter, dieses Gefühl anzunehmen und damit umzugehen.

Überblick Phase 1: Verstehen

Sie müssen sich erst gemeinsam einen guten Überblick verschaffen und sich tief in die Materie einarbeiten, damit Sie und Ihr Team gute Lösungen entwickeln können. Dabei liegt Ihr gemeinsamer Fokus zunächst darauf, überhaupt Ideen zu generieren, damit Sie in den Luxus geraten können, auswählen zu dürfen. Design Sprints halten es da mit dem berühmten Zitat des zweimaligen Nobelpreisträgers Dr. Linus Pauling: »*If you want to have good ideas you must have many ideas. Most of them will be wrong, and what you have to learn is which ones to throw away.*« Also übersetzt: Wenn du gute Ideen haben willst, musst du viele Ideen haben. Die meisten werden falsch sein, und was du lernen musst, ist, welche du wegwerfen solltest. Limitieren Sie sich und Ihr Team also nicht, indem Sie versuchen, etwas von Anfang an richtig zu machen, sondern erst mal überhaupt zu beginnen. Sie erinnern sich an unsere Sprint-Prinzipien? Loslegen geht vor Richtigmachen. Jetzt ist genau der richtige Moment dafür.

 1. VERSTEHEN  2. SKIZZIEREN  3. ENTSCHEIDEN  4. PROTOTYPING  5. ÜBERPRÜFEN

Sprint-Master-Stundenplan der Phase 1

09:00

Vorstellungsrunde Sprint-Team

Die Teammitglieder müssen vier intensive Tage miteinander verbringen und sollten zu Beginn ein freundliches, spielerisches Kennenlernen haben, das schon in die Arbeitsweisen des Sprints einführen kann.

09:20

Den Sprint vorstellen: Ablauf und Arbeitsweisen im Sprint

Ihre Teammitglieder sollten grob wissen, was auf sie zukommt und wie die Tage strukturiert sind. Geben Sie eine kurze Erläuterung, was Design Sprints sind und welche Prinzipien ihnen zugrunde liegen. Stellen Sie Ihre Rolle als Sprint Master und die des Entscheiders vor.

09:30

Herausforderung vorstellen

Lassen Sie die Teammitglieder aus deren Expertise heraus kurz Stellung zur Herausforderung nehmen.

09:40

Langfristiges Ziel formulieren

Lassen Sie das Team das langfristige Ziel formulieren, das erreicht werden soll. Der Entscheider wählt die beste Formulierung aus.

10:00

Sprint-Fragen: Annahmen und Hindernisse

Sprint-Fragen sollen eine Orientierung während des gesamten Sprints bieten, welche Annahmen vorausgesetzt wurden und welche Hindernisse eine Lösung gefährden. Das Team erstellt die Fragen und wählt die wichtigsten aus (Richtzahl: drei bis fünf Fragen).

10:30 PAUSE

10:45

Note & Map

Vorübung, um schneller die Customer Journey Map zu erstellen.

11:15

Customer Journey Map IST

Die Customer Journey Map sollte in fünf bis 15 Schritten das Kundenerlebnis bzw. die Interaktion des Nutzers mit dem Unternehmen bzw. seinem Produkt oder seiner Dienstleistung darstellen.

12:00 MITTAGESSEN

13:00

WKW-Fragen erklären

Erklären Sie, was man unter WKW-Fragen versteht und wofür diese in der folgenden Übung benötigt werden.

13:05

Expertenbefragung (Lightning Talks) & WKW-Fragen formulieren

Neben Ihrem Sprint-Team haben Sie externe Experten ausfindig gemacht, die Ihrem Team jeweils 15–20 Minuten zu bestimmten Aspekten der Herausforderung ihre Sichtweisen erklären. Das Sprint-Team stellt Fragen und formuliert aus den Antworten der Experten heraus WKW-Fragen.

14:05

WKW-Fragen clustern und auswählen

Clustern Sie die aufgeschriebenen WKW-Fragen und lassen Sie das Team darüber abstimmen. Alle WKW-Fragen mit einem oder mehr Klebepunkten werden ausgewählt.

14:20

Customer Journey Map ZUKUNFT

Oft hat das Team nach den externen Expertenbefragungen das Bedürfnis, die Customer Journey Map anzupassen, um Schwachstellen auszumerzen oder Chancen zu nutzen. Geben Sie dem Team die Möglichkeit, wenn es dies wünscht.

14:30 PAUSE

14:45

WKW-Fragen der Map zuordnen

Das Team ordnet die ausgewählten WKW-Fragen der Map zu.

14:55

Fokus bestimmen

Der Entscheider wählt den Fokusbereich für den Design Sprint aus.

15:00 PHASE 2

Materialien

1 schwarzer Stift
pro Person

1 Block quadratische
Haftnotizen pro Person

1 Block rechteckige
Haftnotizen pro Person

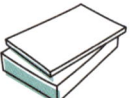

100 weiße Blätter
DIN A4

kleine und große
Klebepunkte

1 Kiste bunte Stifte

2 Whiteboards

1 Rolle Magic Charts, für
den Fall, dass Sie noch
mehr Platz brauchen

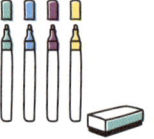

1 Packung bunte
Whiteboard-Stifte

1 Stoppuhr
(Time-Timer)

1 Kamera

Ziel und Arbeitsergebnisse

- Einheitliches, gemeinsames Verständnis der Herausforderung und der aktuellen Situation

- Genaues Herausarbeiten der Kundenperspektive, der technischen Möglichkeiten und der Anforderungen an die Wirtschaftlichkeit möglicher Lösungen aus Unternehmenssicht

- Verständnis der derzeitigen Interaktion mit dem Kunden und bestimmter Aspekte, bei denen Chancen zu besonders guter Kundendienstleistung oder Risiken für besondere Schwachstellen liegen

- Entscheidung, auf welchen Aspekt der Kundenbeziehung und auf welche Kundengruppe sich das Team in seiner Ideenfindung konzentrieren wird

Vorstellungsrunde Sprint-Team

Wählen Sie eine Übung zum Einstieg, die schon die Elemente einbezieht, die es zu beachten gilt (Skizzieren und Schreiben, Timeboxing, Dot-Voting etc.). Seien Sie kreativ! Sie können zum Beispiel alle bitten, in einer Minute ein Porträt von sich zu malen und drei Fakten über sich daneben zu schreiben, von denen zwei wahr sind und einer falsch ist. Nachdem alle sich und ihre Skizzen vorgestellt haben, vergeben die Teilnehmer je einen Punkt für die Eigenschaften der anderen, die sie für erfunden halten. Dann stellt jedes Teammitglied die falsche Antwort richtig. Im Anschluss haben die Teilnehmer nicht nur über die anderen Teammitglieder etwas erfahren. Sie als Sprint Master haben nebenbei schon in die Vorgehensweise des Sprints eingeführt. Erklären Sie noch einmal, wie Sie auf die Einhaltung strenger Zeitvorgaben achten werden und wie das Team während des Sprints immer wieder ein Meinungsbild über die Klebepunkte erzeugen wird. Merken Sie auch an, dass es im Sprint *nicht* um richtig oder falsch geht, sondern nur um das Sichtbarmachen von Meinungen. Sollte eine Schrift nicht lesbar sein, nutzen Sie diese Gelegenheit und weisen darauf hin, wie wichtig Leserlichkeit des Dargebotenen für das Sprint-Team ist. Verdeutlichen Sie anhand der Bilder, dass man kein Porträtkünstler sein muss, um Wesentliches wie Bart, Brille oder Frisur für andere Betrachter leicht erfassbar darzustellen. Geben Sie jedem Teammitglied zusätzlich ein Namensschild, das es selbst beschriften und verzieren kann. Besonders am ersten Tag, wenn sich ein Team vielleicht noch nicht gut kennt, hilft das, Kennenlernhürden zu überwinden.

Den Sprint vorstellen: Ablauf und Arbeitsweisen im Sprint

Widerstehen Sie der Versuchung, gleich zu Beginn den Sprint und alle seine Übungen im Detail zu erklären. Das streicht zwar Ihre Expertise heraus. Nur überfrachten Sie so Ihre Teilnehmer und es raubt Ihnen wertvolle Zeit und Ressourcen in deren Köpfen. Stellen Sie lediglich grob die fünf Phasen und deren Ziele vor und wie sich diese auf die vier Tage verteilen. Am leichtesten gelingt es, wenn Sie die Fünf-Phasen-Grafik an eine Wand hängen und für den Rest des Sprints dort lassen. So können Sie dem Team auch zwischendurch immer wieder aufzeigen, an welcher Stelle im Sprint es sich gerade befindet.

Bitten Sie Ihr Team darüber hinaus, Ihnen als Sprint Master zu vertrauen und sich auf die Übungen einzulassen. Das ist wichtig, denn rational erschließen lässt sich der Sinn der einzelnen Übungen erst in der Rückschau auf das im gesamten Sprint Erarbeitete. Benennen Sie zudem den Entscheider und werben Sie für dessen Entscheidungsbefugnis. Auch wenn das Team durchaus andere Ansichten haben kann, so muss er letztendlich die Entscheidung fällen und die damit einhergehenden Konsequenzen verantworten. Stellen Sie darüber hinaus die Prinzipien des Sprints vor und lassen Sie sich von den Teamteilnehmern zusichern, dass Sie als Sprint Master in den nächsten Tagen konsequent so arbeiten dürfen.

Die Herausforderung vorstellen

Die Herausforderung ist der Grund, warum Sie mit Ihrem Team zusammensitzen. Stellen Sie die Herausforderung nun noch einmal dem Team vor und lassen Sie die Teammitglieder kurz aus ihrer Expertise heraus dazu Stellung nehmen.

 **Unser Beispiel: »Schulküche Cookidadido«**

Zur Erinnerung: So sieht die Formulierung der Herausforderung für unser Schulküchenbeispiel aus.

»Welche Möglichkeiten bestehen, ein verständliches, flexibles, informatives, feedbackfreundliches Online-Buchungssystem zu erstellen, das Eltern und Kinder gleichermaßen begeistert?«

Insgesamt sollte dieses Eintauchen in die Thematik des Sprints nicht mehr als zehn Minuten in Anspruch nehmen und noch keine Diskussionen auslösen. Am leichtesten gelingt der Einstieg, wenn Sie den Entscheider als Ersten bitten, kurz seine Sicht auf die Herausforderung zu erläutern. Meistens sprudelt es aus ihm sowieso heraus, da er meist auch derjenige ist, der den Sprint ins Leben gerufen hat und sich viel davon verspricht. Wir geben Ihnen ein paar Beispielfragen an die Hand, zu denen ein Entscheider in seinem Eröffnungsstatement Stellung beziehen sollte:

- Was sind die dringendsten Fragestellungen, die sich in diesem Projekt ergeben?
- In welchem Zeitrahmen sollten diese gelöst werden?
- Was lässt den Entscheider nachts nicht schlafen?
- Welche Chancen sieht er für das Unternehmen, wenn man dem Nutzer dienen kann? (Höhere Einnahmen, gesteigertes Nutzerengagement, längere oder intensivere Nutzungszeiten, Nutzerloyalität, Abheben von der Konkurrenz, verbesserte Service- oder Produktqualität, Erschließen neuer Nutzergruppen, Bedienen von Anforderungen bestimmter Stakeholder etc.)

Des Weiteren sollte unbedingt das Teammitglied, das die meiste Einsicht in die Wünsche und das Verhalten der bisherigen Kunden und/oder Nutzer hat, Stellung zur Herausforderung nehmen. Achtung: Es ist oft ein und dieselbe Gruppe, gelegentlich unterscheiden sich aber auch Kunden und Nutzer. Kunden sind diejenigen, die das Produkt kaufen oder für die Dienstleistung des Unternehmens bezahlen. Nutzer sind die Personen, die diese dann nutzen oder in Anspruch nehmen. Für unser Schulküchenbeispiel sind die Kunden in erster Linie die Eltern der schulpflichtigen, in der Kantine essenden Kinder. Sie bezahlen für das Essen. Nutzer sind die Eltern auch, wenn Sie das Essen in der App bestellen, aber Nutzer sind vor allem die Kinder, die das Bestellen ebenfalls übernehmen könnten und dann in der Schulküche das Essen einnehmen. Haben Sie das als Moderator von Anfang an im Hinterkopf. Machen Sie Ihr Team auf diesen Unterschied aufmerksam, wenn es nötig ist. Bei der Darstellung der Herausforderung ist der Unterschied noch nicht so präsent, im späteren Verlauf des Sprints wird es aber relevant werden. Wir weisen Sie dann noch einmal gesondert darauf hin. Zurück zur inhaltlichen Einstimmung des Teams durch den Kunden- und Nutzerversteher:

- Welche Kunden hat das bisherige Produkt oder die Dienstleistung bzw. welche potenziellen Kunden könnten für die neue im Raum stehende Herausforderung infrage kommen?
- Sind die Kunden eine homogene Gruppe oder wie weit divergieren sie? Hat das Unternehmen schon Personas erstellt?
- Wann, wo, in welcher Lebensphase oder Alltagssituation nehmen Nutzer bereits oder würden Nutzer potenziell das Neue in Anspruch nehmen?
- Wie viele verschiedene Arten der Nutzung gibt es oder wären vorstellbar?
- Geht es um Einmal- oder Mehrfachnutzung? Wie oft und wann?
- Was passiert zwischen Kunden, Nutzern und Unternehmen nach der Nutzung?

Langfristiges Ziel formulieren

Sie führen den Sprint durch, um am Ende gezielt etwas zu erreichen. Damit Sie und Ihr Team sich auf dem Weg nicht verlaufen, sondern zielgerichtet vorgehen können, starten Sie den Sprint daher an dessen Ende: Warum machen Sie dieses Projekt? Das Sprint-Ziel wird Ihnen in den kommenden Tagen immer wieder die Möglichkeit bieten, Orientierung zu geben, wenn Ihr Team in Diskussionen verfällt. Wo wollen wir in sechs Monaten oder in fünf Jahren sein? Lassen Sie Ihr Team festlegen, an welchem Punkt in der Zukunft es sich orientieren möchte und ob es sich darüber einig ist, wie die Zieldefinition aussieht. Das Ziel sollte immer die Prinzipien und Ambitionen des Unternehmens widerspiegeln, aber keine genauen Metriken wie Prozentangaben enthalten. Die Balance zwischen zu weit gefasst und zu eng gesetzt erfordert ein wenig Fingerspitzengefühl und in den meisten Fällen auch Ihre Unterstützung als Sprint Master. Lassen Sie bei der Formulierung des Ziels kurze Diskussionen innerhalb des Teams für einige Minuten zu.

Im Anschluss erhält jeder Teilnehmer außer der Entscheider einen Klebepunkt und darf diesen für die seiner Ansicht nach beste Formulierung vergeben. Es ist völlig in Ordnung, die eigene auszuwählen. Das passiert aber gar nicht so häufig. Am Ende der Abstimmung erhält der Entscheider einen großen, andersfarbigen Klebepunkt und wählt mit diesem die für ihn gelungenste Formulierung aus. Kleben Sie diese gut sichtbar auf ein Überblicksboard, das Sie nun Stück für Stück mit den weiteren Arbeitsergebnissen befüllen werden.

Sie können sich anhand unseres Schulküchenbeispiels im Anschluss eine Vorstellung verschaffen, wie groß die Anzahl verschiedener Aspekte ist, die sich für einen Sprint eignen. Dementsprechend werden auch Sie in Ihrem Sprint unzählige Vorschläge vom Team bekommen. Es liegt in den Händen des Entscheiders, die aus seiner Sicht geeignetste Formulierung zu wählen.

 Unser Beispiel: »Schulküche Cookidadido«

»In einem Jahr sollen die Kinder auch ohne Hilfe der Eltern ihr Essen eigenständig bestellen können.«
»In einem Jahr sollen Eltern und Kinder ein fünfstufiges Bewertungssystem für unser Essen sowohl im Internet beim Bestellen als auch vor Ort in der Schulkantine nutzen können, mit dessen Hilfe wir unser Angebot verbessern können.«
»Wir wünschen uns, dass die Anzahl der Teilnehmer am Schulkantinenessen steigen, weil Eltern und Schüler über das Buchungssystem schon ein Gefühl für unsere guten Produkte bekommen.«

»Eltern und Kinder sollen in drei Monaten gern und unkompliziert gemeinsam bestellen und gleichzeitig über das Essen etwas lernen.«
»In zwei Jahren haben wir ein verständliches, flexibles, informatives, feedbackfreundliches Buchungssystem, das Eltern und Kinder gleichermaßen begeistert.«

Der Entscheider in unserem Beispiel votiert für:
»In sechs Monaten soll unser Bestellvorgang einfach, kinderfreundlich und voller zusätzlicher Informationen sein.«

 Zeit (Min)

10 Diskussion

3 individuell Zielformulierung

5 Abstimmung, 1 Stimme je Teilnehmer

2 Abstimmung, 1 Stimme für Entscheider

 Punkte

1 kleiner Punkt je Teilnehmer

1 großer Punkt für den Entscheider

 **Abschluss**

Entscheider wählt 1 Formulierung für das langfristige Ziel aus

Wenn Sie merken, dass das Team Schwierigkeiten damit hat, eine gemeinsame Basis zu finden, schieben Sie eine zehnminütige Übung ein: die Pressemitteilung aus der Zukunft. Pressemitteilungen sind kurze Notizen über Neuigkeiten und Relevantes, die inhalts- und zeitgleich an mehrere Redakteure regionaler und überregionaler Medien versendet werden. Daher eignet sich deren Form gut, um kurz und knapp über das Was, Wer, Wann, Wo, Wie und Warum Ihrer erfolgreich implementierten Lösung zu berichten. Bitten Sie also Ihre Teilnehmer, sich gedanklich an einen Zeitpunkt in der Zukunft zu teleportieren und von dort aus die eigenen Errungenschaften in Bezug auf die Lösung Ihrer Herausforderung zu formulieren. Eine hilfreiche Matrix für dieses Vorgehen sieht wie folgt aus:

Die Pressemitteilung der Zukunft

Überschrift
Wie lautet die zentrale Botschaft Ihrer Pressemitteilung?
Schulküche Cookidadido revolutioniert den Bestellvorgang aus Kindersicht

Unterzeile
Welcher weitere Fakt ist zur Überschrift hinzuzufügen?
Mehrzahl der Kinder freut sich auf ihr Essen und nutzt die Bestellapplikation täglich

Nähere Erläuterung
Welche Informationen sind wichtig für das Verständnis des abgeschlossenen Projektes?
Nach sechsmonatiger Programmierphase ist die Schulküche Cookidadido so weit: Kinder können ohne Hilfe ihrer Eltern ihr Essen online auswählen und bestellen und das Essen nach Aussehen und Geschmack eigenständig

bewerten. Den Eltern steht ein separater Zugang zur Verfügung, über den sie die Auswahl ihrer Kinder einsehen und sich über die Zutaten und Ausgewogenheit des Essens der Schulküche informieren können. So soll auch ein Austausch innerhalb der Familie über das Schulessen angeregt werden, ohne dass die Kinder aber alle ihre Eingaben mit den Eltern besprechen müssen.

Der Schulküchenbetreiber Cookidadido hat die gesamte Bild- und Textwelt des Essensangebotes auf Kinder abgestimmt und eine Bewertungsfunktion in den digitalen Bestellvorgang integriert, um sich mit den direkten Kundenbewertungen zur Qualität und Aufbereitung des Essens auseinandersetzen zu können. Die Identifikation mit der Essensauswahl konnte so signifikant gegenüber einer durch die Eltern getroffenen Auswahl gesteigert werden. Der aus Kindersicht schwer verständliche Menüplan wurde durch kindgerechte Formulierung und Abbildung der Zutaten abgelöst.

Zusatzinformationen

Welche weiteren Punkte sollten noch erwähnt werden? Welche Unternehmensambitionen kann man hinzufügen?
Die Schulküche möchte ihr Konzept nun weiteren Schulen im gesamten Landkreis anbieten und damit neben der hohen Qualität des Essens auch die Identifikation der Kinder mit gesunder Nahrungsaufnahme stärken.

Die Pressemitteilung dient nur der individuellen Annäherung an das eigentliche Ziel: eine sinnvolle Formulierung eines langfristigen Ziels. Daher bitten Sie jeden Teilnehmer, auf jeweils einem länglichen Haftnotizzettel im Hinblick auf die eigene Pressemitteilung das langfristige Ziel zu formulieren. Wer mehrere Vorschläge hat, kann mehrere Zettel einreichen. Wichtig: Immer nur eine Formulierung auf einem Zettel.

Sprint-Fragen: Annahmen und Hindernisse

Normalerweise liegen der Formulierung eines Ziels jede Menge Annahmen zugrunde, die erfüllt sein müssen, damit dieses Ziel überhaupt erreichbar ist. Und dabei hat Ihr Team in diesem Moment noch ganz optimistisch in die Zukunft geblickt. Bitten Sie Ihr Team daher, in einem ersten Schritt einen ganzen Haufen dieser Annahmen auf kleine quadratische Klebezettel zu schreiben. Sinn und Zweck ist es, sich darüber klar zu werden, was jedes Teammitglied als gegeben annimmt und daher vielleicht nicht mit dem nötigen Risikobewusstsein betrachtet. Annahmen können gefährlich sein, wenn sie nicht der Realität entsprechen. Dann werden sie zu abrupten Showstoppern, die eine mögliche Lösung unmöglich machen.

Als Nächstes bitten Sie Ihr Team, einmal pessimistisch in die Zukunft zu schauen: Wenn Sie es in fünf Jahren so richtig verbockt haben, was war dann wohl der Grund dafür? Wann und wie lief was aus dem Ruder? An dieser Stelle können sich die Skeptiker und Bedenkenträger im Team richtig austoben. Freuen Sie sich darüber. Denn alles, was an dieser Stelle aufgeschrieben und angemerkt wird, kann später nicht Ihren Sprint torpedieren.

Wenn alle Teilnehmer ihre Haftnotizzettel vor sich liegen haben, bitten Sie sie, in den folgenden zehn Minuten aus diesen Haufen Herausforderungen für das Team zu machen. Dabei formulieren sie die Annahmen und Hindernisse in neugierige Fragen an den Sprint um. Welche Fragen wollen sie im Sprint beantworten? Was muss erfüllt sein, damit sie gemeinsam das Sprint-Ziel erreichen? Was wären die Ursachen für ein gescheitertes Projekt? Durch die Umformulierung in Fragen ändert Ihr Team Blickwinkel und Einstellung. Kennen Sie den ironischen Spruch »Melden macht frei«? Genau diese Erleichterung gilt es in ihrem besten Sinn zu erzielen. Auch wenn Ihr Team vor einem scheinbar unlösbaren Rätsel steht, wird es die Erleichterung spüren, dass diese Unbekannten wenigstens auf einer Liste identifiziert sind. In unserem Schulküchenbeispiel finden Sie einige Annahmen, Befürchtungen und Vorbehalte, die es im Beispielprojekt geben könnte. Zu jedem haben wir Ihnen zwei bis drei Fragen notiert, in die man diese Stichpunkte umformulieren könnte, damit diese als Herausforderungen angenommen werden können. Im Anschluss geben Sie dem Team weitere zehn Minuten, um alle Sprint-Fragen an die Wand zu heften und sich kurz auszutauschen. Jeder Teilnehmer soll dabei drei Klebepunkte für eine bis drei Fragen vergeben, die ihm von besonderer Bedeutung erscheinen. Erst wenn alle Teilnehmer ihr Votum abgegeben haben, wählt der Entscheider mit seinen Klebepunkten drei bis fünf Fragen aus, die der Sprint beantworten soll.

Unser Beispiel: »Schulküche Cookidadido«

Zugrunde liegende Annahme: Eltern wollen Kinder Essen eigenständig bestellen lassen

Umformulierung in folgende Fragen denkbar:

Frage: Werden Eltern unserem Angebot so weit vertrauen, dass sie ihre Kinder allein auswählen und bestellen lassen?

Frage: Werden die Kinder die zur Verfügung gestellte Technik (App/Website) bedienen können?

Befürchtetes Hindernis: Zutatenliste und Verarbeitung zu komplex für informative Darstellung

Umformulierung in folgende Fragen denkbar:

Frage: Werden wir die komplexen Zutaten und Zubereitungen leicht verständlich darstellen können?

Frage: Werden wir die Komplexität aus Zutaten und Verarbeitung reduzieren können, ohne dass Wesentliches verloren geht?

Frage: Sind die Eltern an einer Aufbereitung von Statistiken über das Essen und dessen Verzehr interessiert?

Vorbehalte gegen: Feedbackfunktion

Umformulierung in folgende Fragen denkbar:

Frage: Sind Kinder als Esser und Hauptfeedbackgeber objektiv?

Frage: Werden wir in der Lage sein, auf die einzelnen Feedbacks auch eingehen zu können?

Zeit (Min)

3 individuelle Annahmen

3 individuelle Hindernisse

10 individuelle Formulierung von Sprint-Fragen

10 Gruppendiskussion, Klebepunkt-Abstimmung

4 Auswahl Entscheider und Erklärung

Punkte

3 kleine Punkte je Teilnehmer

3–5 große Punkte für den Entscheider

Abschluss

Der Entscheider wählt 3 bis 5 Fragen aus, die der Sprint beantworten soll.

Note & Map und Customer Journey Map

Die Customer Journey Map (übersetzt in etwa Kundenreise-karte oder Kundenerlebnisplan) ist die Visualisierung aller Begegnungen und Interaktionen des Kunden mit dem Unternehmen, seinen Mitarbeitern, seiner Außendarstellung über Websites, Kundenmagazine, Werbungen, Social-Media-Kanäle sowie seinen Produkten und Dienstleistungen. Alle Berührungspunkte werden als sogenannte Kundenkontakt-punkte bezeichnet, zu denen man die Art der Interaktion so-wie Gedanken, Gefühle und Erwartungen des Kunden her-auszufinden versucht und in der Karte verzeichnet. Anhand der Visualisierung lassen sich Möglichkeiten entdecken, mit denen man die Ansprache des und Interaktion mit dem Kun-den anders gestalten kann. Customer Journey Maps zeigen Innovationspotenziale auf.

Im Design Sprint nutzt man diese Art der Visualisierung nicht in ihrer vollen Tiefe, sondern lediglich, um für das Team eine gemeinsame Arbeitsoberfläche zu schaffen, an-hand derer es sich der Herausforderung stellen kann. Erst während des Sprints arbeitet sich das Team an einer oder mehreren Stellen in die Tiefe des Kundenerlebnisses ein.

Bei Note & Map handelt es sich um eine individuelle Vor-übung für die eigentliche Customer Journey Map: Indem je-der Teilnehmer zunächst für sich allein das Kundenerlebnis (die Customer Journey) definiert, versucht man, die vielen Diskussionen zwischen den Teammitgliedern, die das ge-meinschaftliche Erstellen der Map normalerweise mit sich bringt, ein wenig vorzustrukturieren. Erklären Sie Ihren Teil-nehmern daher zunächst kurz, was eine Customer Journey Map ist und warum wir diese in unserem Sprint brauchen, bevor Sie die Note-&-Map-Übung beginnen.

Rezension · Interviews
Social Media · Vorträge
Online-Anzeigen · Konferenz
Blog · Empfehlung

Firmen-Website · Suchmaschine · Medien
Rezension · Interviews
Social Media · Vorträge
Online-Anzeigen · Konferenz
Blog · Empfehlung

Kommentare
Foren · Umfragen-teilnahme
Social Media · Vorträge
Blog · Empfehlung
Produkt-rezension · Leserbrief

Aufmerksamkeit erregen **Interesse wecken** **Kaufabsicht** **Kundenbindung** **Kaufempfehlung** **Fürsprache**

Medien
Suchmachine

E-Mail · Website-Chat
Gespräche

E-Mail · Chat
Gespräche

E-Mail
Gespräche
Chat

Jede Kundenbeziehung lässt sich aus Unternehmenssicht in einem Zeitstrahl definieren, in dem in der Regel die Phasen Aufmerksamkeit, Interesse, Kauf- oder sonstige Handlungsabsicht, Kundenbindung und Fürsprache aufeinanderfolgen. Diese Visualisierung nennt man Customer Journey Map. Hier sehen Sie eine komplexere Abbildung, die Sie in einem Design Sprint stark vereinfacht mit Ihrem Team erstellen. Es geht vor allem darum, die wichtigsten Interaktionspunkte zwischen Ihrem Unternehmen und dem Kunden bzw. Nutzer herauszuarbeiten.

Note & Map

Das Note-&-Map-Vorgehen ist eine Abwandlung des Note & Vote, wie es schon Jake Knapp in seinem Sprint-Buch beschreibt. Es soll langwierige Diskussionen ersetzen, indem jeder einfach seine Ideen notiert und hinterher alle mit einem Klebepunkt abstimmen, welche Idee wohl die vielversprechendste ist.

Bitten Sie jeden Teilnehmer, in den folgenden zehn Minuten die Customer Journey aus seiner Sicht aufzuschreiben. Wenn Sie in Ihrer Herausforderung eine völlig neue Idee umsetzen wollen oder es sich um ein völlig neues Projekt handelt, haben Sie natürlich nur die Möglichkeit, die Idealvorstellung jedes Einzelnen zusammenzustellen, wie das Kundenerlebnis zukünftig aussehen könnte. Arbeiten Sie an einem bestehenden Produkt, einer schon eingeführten Dienstleistung oder bereits erprobten Abläufen, dann orientieren Sie sich erst einmal am etablierten Ist-Zustand. Es sollen an dieser Stelle noch keine Verbesserungsideen einfließen. Diese integrieren Sie erst einige Übungen später.

Dabei gilt: je ein Zettel pro Prozessschritt. Erinnern Sie Ihr Team auch daran, dass es mehrere Akteure geben kann und jeder die bedeutendsten auswählen sollte. An dieser Stelle ist es sinnvoll, nochmals auf die Unterscheidung von Kunden und Nutzern (im Englischen Customer and User) zu sprechen zu kommen. Sollten diese beiden Gruppen nicht ein und dieselbe sein, müssen Sie das in Ihrer Journey Map berücksichtigen und für beide Gruppen den Weg skizzieren. Zudem brauchen Sie einen eindeutigen Schlusspunkt: Was ist das Ziel des Kundenerlebnisses? Wohin muss der Nutzer in der Interaktion mit dem Produkt gelangen? Mit welchem Schritt ist der Kunde zufrieden mit dem, was er für sich oder seine Nutzer bekommen hat? Was hat Ihr Unternehmen dabei gewonnen? Man bezeichnet dieses Ziel als »Conversion«, also die Umwandlung von bloßem Interesse in eine Aktion. Das kann ein Produktkauf, die Buchung einer Dienstleistung, das Abonnement eines Newsletters oder auch die Weiterempfehlung des eigenen Kaufs an andere Interessenten oder ein Social-Media-Beitrag sein. Jeder Teilnehmer sollte fünf bis zehn Prozessschritte vermerken. Darüber hinaus wird es meistens zu komplex, um noch hilfreich zu sein.

Im Anschluss tritt ein Teilnehmer nach dem anderen vor, erklärt das Kundenerlebnis aus seiner Sicht Schritt für Schritt und heftet die einzelnen Zettel in Reihe nebeneinander an die Wand oder das Whiteboard. Kurze Rückfragen des Teams sind erlaubt, Grundsatzdiskussionen über die Reihenfolge und Details nicht. Danach heftet der nächste Teilnehmer seine Schrittfolge darunter. Die Vorstellungszeit sollte pro Teilnehmer zwei Minuten nicht überschreiten.

Unser Beispiel: »Schulküche Cookidadido«

Die sieben Teilnehmer dieses Beispiel-Sprint-Teams inklusive des Entscheiders haben individuell das Kundenerlebnis zu skizzieren versucht. Die kürzeste Form der Darstellung haben zwei Teilnehmer mit nur vier Schritten gefunden, die längste Folge besteht aus acht Schritten.

Unser Beispiel: »Schulküche Cookidadido«

In unserem Beispiel haben die Teilnehmer mittels Dot-Voting sechs Schritte ausgewählt, mit denen sie die Customer Journey erstellen.

Als Nächstes setzen alle Teilnehmer je fünf Klebepunkte auf die Prozessschritte, die ihnen am wichtigsten erscheinen. Sobald alle Teilnehmer ihre Punkte gesetzt haben, bitten Sie ein Teammitglied, alle Prozessschritte, die das Team mit einem oder mehreren Punkten versehen hat, auf eine neue freie Fläche in möglichst chronologischer Reihenfolge neu anzuordnen, während Sie als Sprint Master schnell alle anderen Haftnotizzettel, die keinen Punkt tragen, von der Wand entfernen und wegwerfen. Alle mit Punkten versehenen Zettel sind die Grundlage, auf der das Team die Customer Journey Map im derzeitigen Ist-Zustand erstellt. Nochmals zur Erinnerung: Ist-Zustand heißt so viel wie die Abbildung der momentanen Beziehung zwischen dem Kunden mit dem Unternehmen und seinen Produkten und Dienstleistungen oder aber für zukünftige Ideen eine Idealvorstellung.

Noch ein Hinweis am Rande: Sie können das Note-&-Vote-Vorgehen auch in jeder anderen beruflichen Situation nutzen, um Debatten und Abstimmungsprozesse zu beschleunigen: hinschreiben, abstimmen, fertig.

Zeit (Min)

10 individuell 5–10 Schritte auf quadratische Haftnotizzettel notieren

1–2 pro Sprint-Mitglied für Erklärung und Aufkleben der Zettel in Reihe

1 Klebepunkt-Abstimmung aller Teilnehmer inklusive Entscheider

  Punkte

5 kleine Punkte je Teilnehmer (auch für den Entscheider)

 **Abschluss**

Alle Prozessschritte, die einen Punkt erhalten haben, werden als Grundlage für das Erstellen der Customer Journey Map verwendet.

Customer Journey Map des Ist-Zustandes

Im Anschluss erstellen Sie mit Ihrem Team den derzeitigen Ist-Zustand oder für Neuprojekte den möglichen Idealzustand der Customer Journey Map. Nehmen Sie die in der Vorübung ausgewählten Prozessschritte als Grundlage für Ihre Customer Journey Map. Prüfen Sie gemeinsam mit dem Team, ob bei logischer Aneinanderreihung dieser ausgewählten Schritte noch Lücken im Kundenerlebnis gefüllt werden müssen. Meistens haben Sie durch die ausgewählten Klebezettel schon den größten Teil der Prozessschritte erkannt, aber müssen zwischen einigen Schritten noch kleine Ergänzungen vornehmen. Zum Beispiel haben Sie als Prozessschritt »Auswahl auf der Website« definiert, dass sich der Kunde dafür aber auf der Website einloggen muss, müssen Sie noch ergänzen. Wir haben Ihnen in unserem Schulküchenbeispiel grafisch aufbereitet, wie die Kombination aus ausgewählten Prozessschritten und handschriftlichen Ergänzungen aussehen kann.

Geben Sie Ihrem Team für die Erstellung der Customer Journey Map insgesamt eine Dreiviertelstunde Zeit. Beginnen Sie damit, die Akteure auf der linken Seite festzuhalten. Aus der Übung Note & Map heraus haben Sie sicher bereits einige Vorschläge hierfür erhalten. Akteure sind verschiedene Kundengruppen, Nutzer, Mitarbeiter des Unternehmens oder auch externe Behörden oder Institutionen, die auf das Kundenerlebnis einen maßgeblichen Einfluss haben. Legen Sie dann das Ziel fest, also die Aktion, mit der Sie und Ihr Team das Kundenerlebnis als erfolgreich abgeschlossen definieren würden. Als Nächstes kleben Sie die Prozessschritte wie eben beschrieben in logischer Reihenfolge nebeneinander und ergänzen wo nötig die Sprünge durch Zwischenschritte. An dieser Stelle neigen Teilnehmer dazu, zukünftige Verbesserungen anmerken wollen. Schreiben Sie diese auf Haftnotizen und kleben Sie sie an den Rand des Whiteboards und vertrösten die Teilnehmer. Sie werden später darauf zurückkommen. Versuchen Sie, die Customer Journey Map nicht zu grob, aber auch nicht zu detailliert zu gestalten. Sie soll Ihnen Orientierung geben, aber nicht die komplette komplexe Realität aller möglichen Interaktionen abbilden. Wenn Sie den goldenen Weg abbilden, der für Ihre Sprint-Arbeit relevant ist, haben Sie alles, was Sie brauchen. Was dieser goldene Weg aber ist, kann Ihnen nur Ihr Team sagen.

Unser Beispiel: »Schulküche Cookidadido«

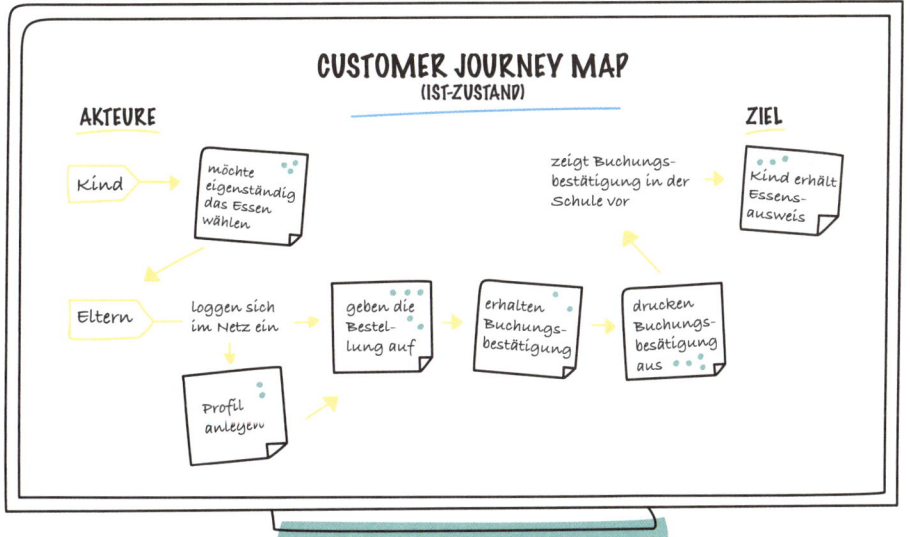

So könnte in unserem Beispiel die Customer Journey Map als Zusammenstellung der Note-&-Map-Notizen und Ergänzungen durch das Team aussehen.

Zeit (Min)

45 Gruppendiskussion

Abschluss

Grafische Abbildung der Interaktion des Kunden mit dem Unternehmen oder seinen Erzeugnissen in einfachen, nicht zu komplexen Schritten.

WKW-Fragen erklären

WKW-Fragen sind ähnlich den Sprint-Fragen eine Möglichkeit, aus Hindernissen Herausforderungen zu machen. Im Unterschied zu den großen Sprint-Fragen setzen sich WKW-Fragen aber mit kleineren Details auseinander, die es für den Bau eines Prototyps zu lösen gilt. WKW steht dabei für »Wie könnten wir«. Statt ein Hindernis zu notieren, soll das Team gleich eine meisterbare Herausforderung formulieren, also »WKW ... das Hindernis beseitigen?«. Diese Fragen werden dem Team später im Sprint die nötige Inspiration liefern, wenn es sich mit möglichen Ideen zur Lösung befasst. Je vielfältiger und genauer die WKW-Fragestellungen formuliert sind, desto leichter wird das Team später darauf Antworten finden können. Ihr Team benötigt diese Art der Fragestellung, um sich während der folgenden Befragung interner und externer Experten Notizen zu machen, welche Wünsche und Anforderungen oder Hindernisse z. B. die Kunden haben und welche Anforderungen Ihre eingeladenen Sprint-Gäste an ein neues oder verbessertes Kundenerlebnis stellen. Erfahrungsgemäß bietet es sich an, diese Art des Fragenformulierens zu üben, damit es den Teammitgliedern anschließend leichter fällt, beim Zuhören während der Expertenbefragung WKWs zu formulieren.

Erklären Sie also Ihrem Sprint-Team zunächst die Form der WKW-Fragen, wofür es diese gleich brauchen wird, und erinnern Sie daran, immer nur die größeren rechteckigen Haftnotizzettel für jede Frage zu benutzen. Geben Sie Ihrem Team ein bis zwei zum Sprint-Thema passende Beispielfragen an die Hand, die Sie schon vorher vorbereitet haben. Lassen Sie die Teammitglieder schon einmal auf den ersten Zetteln ihres Blocks ein WKW oben links notieren, damit sie sich an diese Form der Notizen gewöhnen. Ermutigen Sie das Team, dass es in den folgenden Expertenbefragungen (Lightning Talks) möglichst viele WKW-Fragen aufschreibt und dabei eher auf Quantität als auf Qualität achtet. Es braucht keinen Filter im Kopf, die Konzentration liegt auf dem Zuhören und umfassenden Aufnehmen verschiedener Aspekte der Expertise der Befragten. Verdeutlichen Sie noch ein letztes Mal den Sinn der Übung: Die WKW-Fragen sind in Herausforderungen umformulierte Hindernisse, die später die wichtigste Inspirationsquelle für Lösungen sein werden.

Expertenbefragung (Lightning Talks) & WKW-Fragen formulieren

Unter Expertenbefragung, oder auch Lightning Talks versteht man eine Reihe von Einzelinterviews verschiedener Akteure, die in kurzer Zeit möglichst viele Informationen liefern sollen. Es sind Gastauftritte, die Ihrem Sprint extra Glanz und zusätzliche Erkenntnisse verleihen können und Ihre Teammitglieder aus ihren individuellen Ansichten ihrer alltäglichen Arbeitsroutinen herausreißen sollen. Idealerweise haben Sie sich bereits im Vorfeld Gedanken über geeignete Experten gemacht und auch externe Mitarbeiter oder Know-how-Träger zum Sprint eingeladen. Sie können an dieser Stelle auch den Entscheider oder Mitglieder Ihres Teams noch einmal intensiv Stellung nehmen und durch das Team befragen lassen. Was auch immer Sie denken, dass es Ihnen weitere aufschlussreiche Informationen zur Lösung Ihrer Herausforderung bietet. Bei der Expertenbefragung im Sprint haben Sie zum letzten Mal die Möglichkeit, wertvolle Informationen, also Puzzleteile der Lösungsfindung, zu sammeln und Aufschluss zu möglichen Unklarheiten zu bekommen. Zudem ist bei der Arbeit in regulierten Umgebungen wie Finanzdienstleistungen, Versicherungen oder dem Gesundheitswesen unbedingt darauf zu achten, alle rechtlichen und Compliance-Bedingungen zu verstehen, bevor Sie mit Ihrem Sprint in die nächste Phase starten und Ihren Prototyp und Ihr Testszenario planen.

Reservieren Sie für jeden Gesprächspartner einzeln 15 bis 20 Minuten Zeit. Stellen Sie jedem Experten kurz die Herausforderung des Teams, das langfristige Ziel sowie die Customer Journey Map, die das Team für den Stand der Dinge hält, vor und erklären Sie dem Team, warum Sie den externen Experten eingeladen haben. Konzentrieren Sie sich dann mit Ihrem Team bei der Befragung auf fünf Themenbereiche und haken Sie so oft wie nötig mit einem »Warum?« nach, wenn Ihr Team dies nicht schon von selbst macht. Die fünf Bereiche, die wir empfehlen, sind folgende:

Erstkontakt

Bringen Sie in Erfahrung, seit wann der Experte im Unternehmen arbeitet oder wann er das erste Mal mit dem Unternehmen, seinem Produkt oder seiner Dienstleistung in Berührung gekommen ist. Bitten Sie ihn, einen Einblick zu geben, warum und wie regelmäßig er noch gemeinsam mit dem oder im Unternehmen arbeitet oder warum er nicht mehr dabei ist.

Kenntnis und Detailtiefe

Wenn Sie sich an die Verbesserung eines bestehenden Produktes machen, erfragen Sie, wie gut Ihr Experte dieses kennt, ob er es mit allen seinen Features schon ausprobiert hat oder nur teilweise nutzt. Bei Neuentwicklungen fragen Sie ihn nach seinen Erfahrungen mit ähnlichen Produkten oder was er sich in seinem Alltag noch wünschen würde.

Anwendung

In welchen Situationen nutzt Ihr Experte das Produkt, würde es gerne nutzen oder sieht er in seiner täglichen Arbeit die bestmögliche Anwendbarkeit? Gibt es eine ganz konkrete Situation der Nutzung, anhand derer sich die Erfahrungswelt des Experten gut beschreiben lässt?

Meinung

Hier verlassen Sie die Ebene der konkreten Handhabung und fragen ganz bewusst nach der eigenen subjektiven Meinung und Wahrnehmung Ihres Experten.

Review langfristiges Ziel und Customer Journey Map

Bitten Sie Ihren Experten, sich noch einmal genau Ihre bisherigen Arbeitsergebnisse anzusehen. Hält er Ihr Ziel für realistisch? Hat er eine andere Erfahrung in seinem Kundenerlebnis, die durch die Customer Journey Map nicht widergespiegelt wird? Würde er Sprint-Fragen ergänzen? Worin sieht er das größte Risiko? Was macht das Projekt zu einem Erfolg auf ganzer Linie?

Unser Beispiel: »Schulküche Cookidadido«

WKW
das Essen
für die Kinder leicht
verständlich darstellen?

WKW
Bestellung spielerisch
gestalten?

WKW
während der
Bestellung die Kinder
animieren, über die
Zutaten zu lernen?

WKW
den Bestellprozess
auf 3 Klicks
verkürzen?

WKW
sicherstellen, dass alle
Nahrungsmittelallergien
im Bestellprozess
berücksichtigt werden?

WKW
die Buchungsbestäti-
gung mit zusätzlichen
Informationen
bestücken?

WKW
den kindlichen
Bestellprozess vom
elterlichen Bezahlprozess
abkoppeln?

*Dies sind Wie-könnten-wir-Fragen, die für unseren fiktiven Schulküchen-Sprint während der
Expertenbefragung formuliert werden könnten.*

WKW-Fragen formulieren

Zeit (Min)

15–20

pro Expertenbefragung.
Team macht sich parallel
WKW-Notizen.

Abschluss

Das Team hat ca. 25–100 WKW-
Fragen notiert.

Unser Beispiel: »Schulküche Cookidadido«

Bestell-prozess der Kunden	Optik/Text Essensbe-schreibung	Kind-gerechte Ansprache	Rating: Bewertungs-system	Community: Austausch-plattform der Essenden	Monitoring der Eltern für Essverhalten	Eventi-sierung: Mitmach-kochen	Gamification: Gesundheits-punkte sammeln
WKW	WKW	WKW	WKW	WKW	WKW	WKW	WKW
WKW	WKW	WKW	WKW	WKW	WKW	WKW	WKW
WKW	WKW	WKW	WKW	WKW	WKW		WKW
WKW	WKW						
WKW							

So sortieren Sie am besten Ihre WKW-Fragen nach verschiedenen Themenkomplexen.

WKW-Fragen clustern und auswählen

In den meisten Sprints ist es schwer, die WKW-Fragen zu sortieren und zu priorisieren. Meistens ist es ein riesiges Ideenreservoir, das vielfältige Ansatzpunkte bietet, um sich einer Lösung an verschiedenen Stellen des Kundenerlebnisses zu nähern. Da Sie sich aber nur eine kurze Zeitspanne auferlegt haben, um eine Lösung zu entwickeln und zu testen, müssen Sie aussortieren.

Bitten Sie die Teilnehmer, ihre WKW-Fragen an eine Wand zu heften und wenn möglich zu clustern, also inhaltlich zusammengehörige oder identische Notizen zusammenzuführen. Sie als Sprint Master nehmen sich quadratische Haftnotizzettel und versuchen, die thematischen Gruppen, in die sich die WKW-Fragen bündeln lassen, mit einem Stichwort zu versehen. Streben Sie dabei in erster Linie Übersichtlichkeit und nicht Perfektion an. Es wird auch einige Notizen geben, die sich durchaus mit mehreren Problemthemen gleichzeitig befassen. Seien Sie daher nicht zu restriktiv und achten Sie darauf, dass Sie keinen Fokus setzen, der das Team lenkt und leitet. Sie sind wie ein Hinweisschild auf die nächste Kreuzung: Welche Richtungen das Team in die nähere Auswahl für die Weiterreise wählt, muss es selbst frei entscheiden. Versuchen Sie, in zehn Minuten alles Wesentliche zu erfassen, und bitten Sie die Teilnehmer um Vorschläge für die Überschriften. Wie diese Neuanordnung der WKW-Fragen ungefähr aussieht, haben wir Ihnen in der nachfolgenden Abbildung skizziert.

Unser Beispiel: »Schulküche Cookidadido«

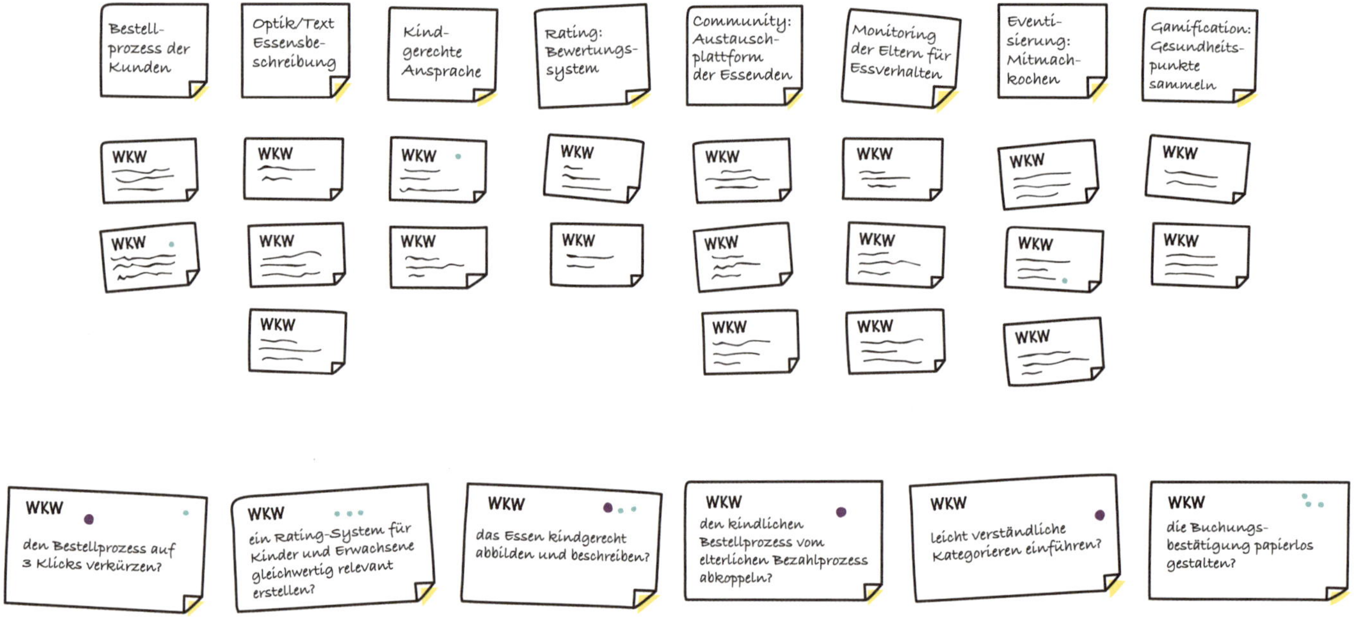

| Bestell-prozess der Kunden | Optik/Text Essensbe-schreibung | Kind-gerechte Ansprache | Rating: Bewertungs-system | Community: Austausch-plattform der Essenden | Monitoring der Eltern für Essverhalten | Eventi-sierung: Mitmach-kochen | Gamification: Gesundheits-punkte sammeln |

WKW WKW WKW WKW WKW WKW WKW WKW

WKW WKW WKW WKW WKW WKW WKW WKW

WKW WKW WKW WKW

WKW ● ●
den Bestellprozess auf 3 Klicks verkürzen?

WKW ● ● ●
ein Rating-System für Kinder und Erwachsene gleichwertig relevant erstellen?

WKW ● ●
das Essen kindgerecht abbilden und beschreiben?

WKW ●
den kindlichen Bestellprozess vom elterlichen Bezahlprozess abkoppeln?

WKW ●
leicht verständliche Kategorieren einführen?

WKW ● ●
die Buchungs-bestätigung papierlos gestalten?

Sie sollten für Ihren Sprint nach den Expertenbefragungen vier bis sechs ausgewählte »Wie könnten wir …«-Fragen haben, die Ihnen und Ihrem Team Orientierung bei der Lösungsfindung geben können.

Im Anschluss geben Sie jedem Teilnehmer zwei kleine Klebepunkte, der Entscheider erhält von Ihnen vier große. Erinnern Sie alle Teilnehmer daran, sich noch einmal die Sprint-Fragen und das langfristige Ziel anzusehen und darauf ausgerichtet auszuwählen, in welchem Bereich die Lösungsfindung liegen soll. Nach fünf Minuten Bedenkzeit bitten Sie alle Mitglieder außer den Entscheider, ihre Wahl zu treffen und beide Klebepunkte für eine einzige oder für zwei verschiedene WKW-Fragen zu vergeben. Nach der Teamabstimmung entscheidet sich der Entscheider für maximal vier WKW-Fragen, die er am interessantesten findet. Er ist dabei nicht an die Auswahl des Teams gebunden, sondern entscheidet autonom. Normalerweise reichen diese vier Fragen aus, um in die nächste Phase des Sprints zu gehen. Sollte eine WKW-Frage vom Entscheider nicht berücksichtigt worden sein, aber mehr als drei Klebepunkte des Teams auf sich vereinen, tendieren wir als Sprint Master dazu, diese auch als ausgewählt zu betrachten. Das sichert den Teamfrieden und gibt wichtige Hinweise für den weiteren Sprint.

WKW-Fragen clustern und auswählen

Zeit (Min)

10 WKW-Fragen an die Wand heften, lesen, verstehen, clustern

1 Teilnehmer wählen WKW-Fragen aus

1 Entscheider wählt WKW-Fragen aus

Punkte

2 kleine Klebepunkte für jedes Teammitglied

4 große Klebepunkte für den Entscheider

Abschluss

Der Entscheider wählt 4 WKW-Fragen aus.

Unser Beispiel: »Schulküche Cookidadido«

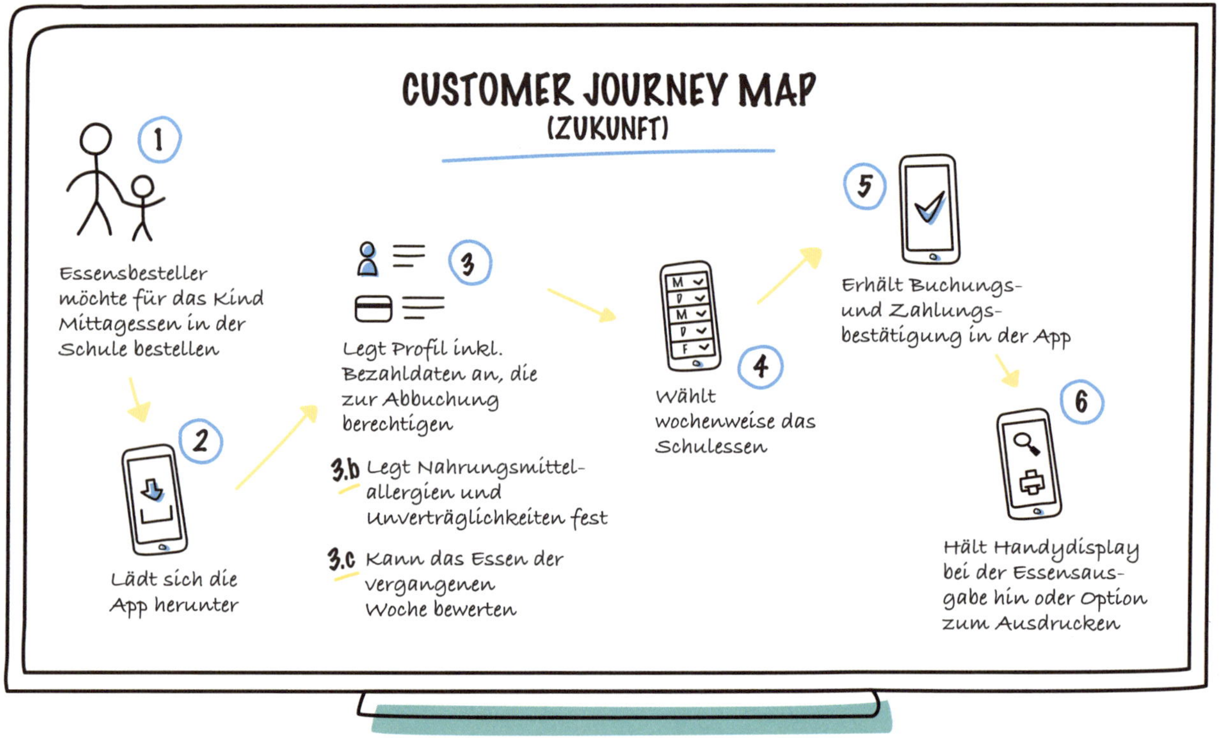

CUSTOMER JOURNEY MAP
(ZUKUNFT)

1 Essensbesteller möchte für das Kind Mittagessen in der Schule bestellen

2 Lädt sich die App herunter

3 Legt Profil inkl. Bezahldaten an, die zur Abbuchung berechtigen

3.b Legt Nahrungsmittelallergien und Unverträglichkeiten fest

3.c Kann das Essen der vergangenen Woche bewerten

4 Wählt wochenweise das Schulessen

5 Erhält Buchungs- und Zahlungsbestätigung in der App

6 Hält Handydisplay bei der Essensausgabe hin oder Option zum Ausdrucken

Die neue Customer Journey Map der Zukunft stellt dar, wie die Entwicklung einer App das derzeitige Nutzererlebnis verbessern soll.

Customer Journey Map der Zukunft

Kehren Sie im Anschluss an die Expertengespräche und WKW-Fragen nun zum Ist-Zustand Ihrer Customer Journey Map zurück. Wenn Sie an einem neuen Projekt arbeiten, erübrigt sich für Sie dieser Schritt. Bei bestehenden, zu verbessernden Projekten stimmen Sie Ihr Team nun gedanklich auf die Zukunft ein und geben Sie zehn Minuten Zeit, auch einen möglichen Soll-Zustand in der Zukunft in die Customer Journey Map aufzunehmen. Sollten Sie in der Vorübung schon Verbesserungsnotizen am Rand Ihres Boards geparkt haben, kann das Team entscheiden, ob es diese in die Customer Journey Map der Zukunft einarbeiten möchte. Haben Sie noch keine Verbesserungsvorschläge, fragen Sie Ihr Team, ob es an der Customer Journey Map im Hinblick auf die folgenden Sprint-Übungen und die Lösungssuche noch Änderungen vornehmen möchte. Bei komplexeren Änderungen empfiehlt es sich, die Map neu zu zeichnen. Bitte belassen Sie in diesem Fall die alte Customer Journey Map als Referenz an der Wand. Sie könnten im Laufe des Sprints noch einmal darauf zurückkommen wollen.

In unserem Beispiel existierte bisher keine App, die Buchung des Essens erfolgte über den Login auf einer Website und als Akteure wurden Eltern und Kinder unterschieden. In der neuen Customer Journey Map der Zukunft erfolgt die Bestellung über eine App. Diese soll bedienerfreundlicher, flexibler zugänglich und anders gestaltet sein als das alte Buchungssystem. Statt der vorigen Unterteilung der Akteure in Kind und Eltern werden diese nun als Essensbesteller (Nutzergruppe) zusammengefasst. Das Team geht davon aus, dass die Kunden-/Nutzergruppe Eltern automatisch zufriedengestellt wird, wenn die Nutzergruppe Kinder gut und gern mit der neuen Applikation zurechtkommt. Daher soll der Fokus des Sprints auf der Nutzergruppe Essensbesteller im Allgemeinen und Kinder im Besonderen liegen.

Zeit (Min)

10 Gruppendiskussion

Abschluss

Das Team entscheidet sich für die alte Customer Journey Map des Ist-Zustandes oder aber für eine modifizierte Customer Journey Map der Zukunft.

Unser Beispiel: »Schulküche Cookidadido«

WKW ● den Bestellprozess auf 3 Klicks verkürzen?

WKW ● ● ● ein Rating-System für Kinder und Erwachsene gleichwertig relevant erstellen?

WKW ● ● das Essen kindgerecht abbilden und beschreiben?

WKW ● den kindlichen Bestellprozess vom elterlichen Bezahlprozess abkoppeln?

WKW ● leicht verständliche Kategorien einführen?

WKW ● ● die Buchungsbestätigung papierlos gestalten?

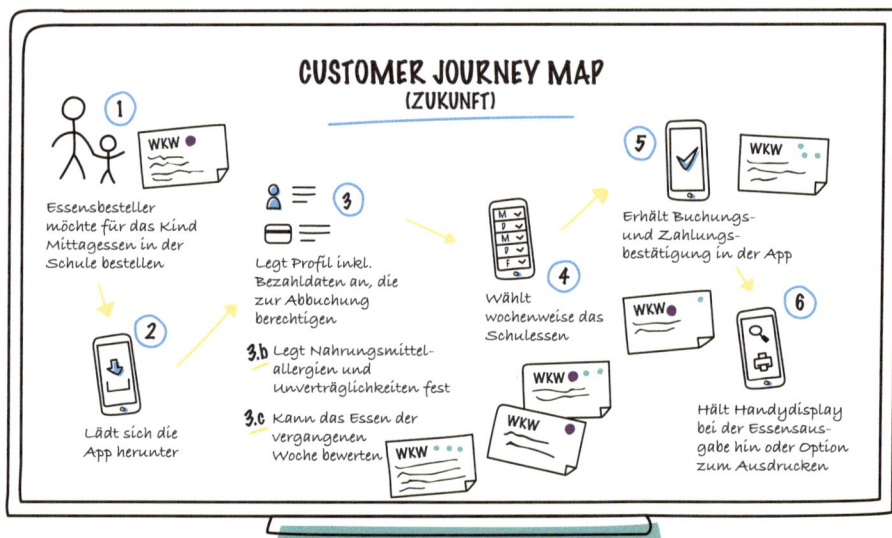

CUSTOMER JOURNEY MAP
(ZUKUNFT)

1 Essensbesteller möchte für das Kind Mittagessen in der Schule bestellen

2 Lädt sich die App herunter

3 Legt Profil inkl. Bezahldaten an, die zur Abbuchung berechtigen

3.b Legt Nahrungsmittelallergien und unverträglichkeiten fest

3.c Kann das Essen der vergangenen Woche bewerten

4 Wählt wochenweise das Schulessen

5 Erhält Buchungs- und Zahlungsbestätigung in der App

6 Hält Handydisplay bei der Essensausgabe hin oder Option zum Ausdrucken

Die Zuordnung der WKW-Fragen auf der Customer Journey Map gibt Ihnen und Ihrem Team meist schon einen Hinweis, in welchem Bereich die meisten offenen Fragen existieren und damit aber auch das größte Potenzial für Veränderungen liegt.

WKW-Fragen der Map zuordnen

Nehmen Sie nun die WKW-Notizen mit den Entscheider- und ggf. den meisten Team-Klebepunkten und heften Sie sie dort auf die Customer Journey Map, wo diese zum Tragen kommen und mittels einer guten Idee gelöst werden könnten. Es ist der letzte Schritt, bevor Sie und Ihr Team zur Entscheidung kommen, worauf sich Ihr Sprint in den folgenden Phasen konzentrieren wird. Ihr Board rund um das Kundenerlebnis ist jetzt vollständig und mit vielen Informationen gespickt.

Zeit (Min)

10 Gruppendiskussion

Abschluss

Customer Journey Map mit zugeordneten WKW-Fragen

Unser Beispiel: »Schulküche Cookidadido«

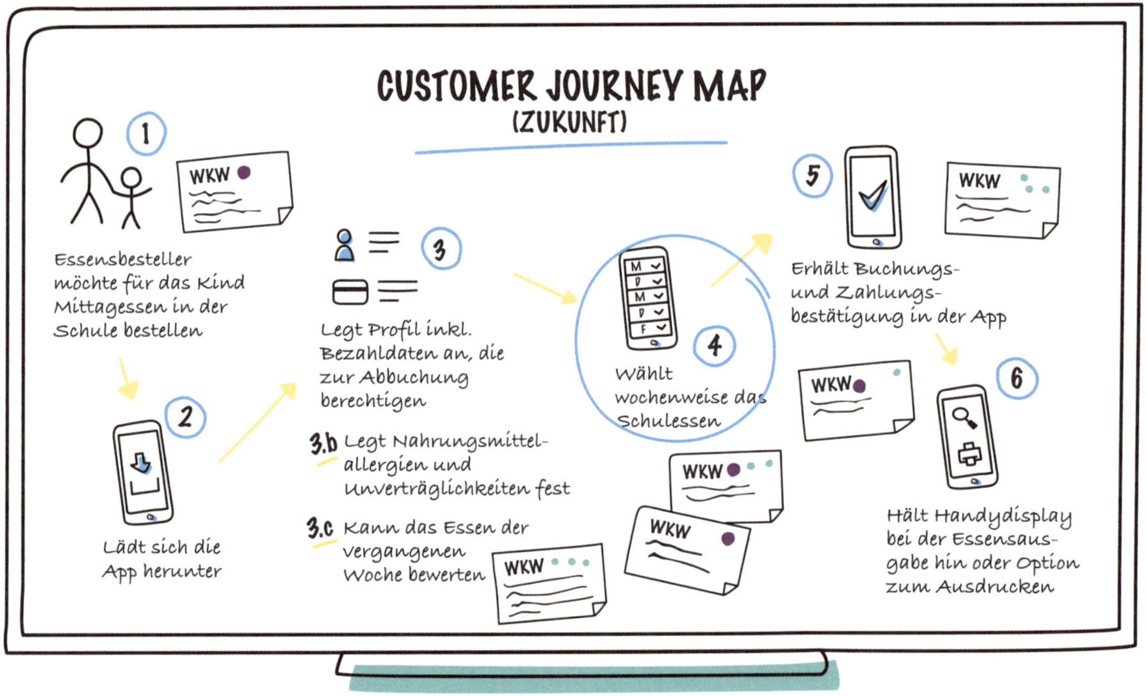
CUSTOMER JOURNEY MAP
(ZUKUNFT)
1
WKW
Essensbesteller möchte für das Kind Mittagessen in der Schule bestellen
2
Lädt sich die App herunter
3
Legt Profil inkl. Bezahldaten an, die zur Abbuchung berechtigen
3.b Legt Nahrungsmittel-allergien und Unverträglichkeiten fest
3.c Kann das Essen der vergangenen Woche bewerten
WKW
M
D
M
D
F
4
Wählt wochenweise das Schulessen
WKW
WKW
5
WKW
Erhält Buchungs- und Zahlungs-bestätigung in der App
WKW
6
Hält Handydisplay bei der Essensaus-gabe hin oder Option zum Ausdrucken

Der Entscheider legt den Bereich des Kundenerlebnisses fest, in dem er das meiste Potenzial sieht, um die Herausforderung des Sprints zu meistern und eine gute Lösungsidee zu erarbeiten.

Fokus bestimmen

Die ganze erste Phase haben Sie Ihr Team begleitet, um an diesen Punkt zu kommen: Der Entscheider bestimmt den Fokus des Sprints. Der Abschluss der ersten Phase bildet den Schlusspunkt aller Aktivitäten, mit denen die Herausforderung mit all ihren Facetten vom Team durchdrungen und verstanden werden soll. Das Sammeln großer und kleiner inhaltlicher Puzzleteile hat damit ein Ende. Von hier an beginnen Sie, nach Lösungen zu suchen.

Bitten Sie den Entscheider, noch einmal in Ruhe auf das langfristige Ziel, die Sprint-Fragen und die Customer Journey Map der Zukunft zu schauen und dann mit einem Stift einen Kreis um den Bereich zu malen, auf den sich der Sprint von nun an mit allen Kräften des Teams fokussieren soll. Welche Kundengruppe ist die derzeit bedeutendste? An welcher Stelle ist das Kundenerlebnis im Sinne des Sprints am günstigsten zu beeinflussen und birgt das meiste Potenzial für hervorragende Lösungsideen? Liegen in diesem Bereich auch die Schlüsselelemente, um mehrere Sprint-Fragen zu beantworten?

Bitten Sie den Entscheider danach, seinen gewählten Fokus kurz für das Team zu erklären, damit jeder verstehen kann, warum er sich gerade für diesen Schwerpunkt entschieden hat. Es ist wichtig, das Team an dieser Stelle gedanklich mitzunehmen. Denn es muss von nun an alle Inspiration und Intuition auf die Lösungsfindung für diesen Bereich richten. Mit diesem Schritt endet die Phase 1 des Design Sprints.

Zeit (Min)

10 Gruppendiskussion

Abschluss

Der Entscheider hat den Bereich auf der Customer Journey Map festgelegt, auf den sich der am Ende des Sprints zu testende Prototyp konzentriert.

- **Sicherheit:** Egal, ob es das erste oder das hundertste Mal ist – Sie werden immer wieder in Ihrer Rolle als Sprint Master an einen Punkt kommen, an dem Sie noch nie waren. Sie müssen sich durch die wechselnden Thematiken stets neu einstellen und das Team mit seinen unterschiedlichen Persönlichkeiten über ungewohnte Wege lotsen. Lassen Sie sich davon motivieren. Sie haben mit dem Sprint-Framework ein erprobtes Vorgehen, das schon hunderte Male funktioniert hat. Sie werden nicht der Erste sein, bei dem es komplett versagt. Bleiben Sie also ruhig, auch wenn der Anfang für Sie holprig scheint. Spätestens am Abend des ersten Tages löst sich auch Ihre Anspannung.

- **Erfolgsdefinition:** Sagen Sie zu Beginn des Sprints Ihren Teilnehmern *immer*, dass auch ein Prototyp, der bei den Nutzern durchfällt, ein Erfolg ist. Sie haben in diesem Fall alle viel Zeit und Geld gespart, die sie nicht in die Entwicklung eines toten Produktes bzw. einer toten Lösung gesteckt haben. Betonen Sie dies am Anfang für Ihr Team und wiederholen Sie es während des Sprints noch einige Male. Nur so gehen sie auch größere Risiken in der Ideenfindung ein, unter denen sich vielleicht Ideengold befindet.

- **Pausen:** Halten Sie sich daran, spätestens alle 90 Minuten eine Pause zu machen. In dieser sollten alle etwas essen und trinken, die Toiletten aufsuchen und kurz verschnaufen können. Das gilt auch und insbesondere für Sie als Sprint Master. Unser Stundenplan orientiert sich strikt daran. Wenn Sie von diesem abweichen, achten Sie trotzdem auf die Pausenzeiten.

- **Übersicht:** Schaffen Sie sich einen Platz im Raum, der zur Sammelstelle aller Arbeitsergebnisse wird; ein Whiteboard oder eine Wand, wo Sie alle wesentlichen Ergebnisse notieren. So verlieren Sie nie den Überblick und das Team hat eine verlässliche Anlaufstelle, bei der es Informationen wiederfinden kann.

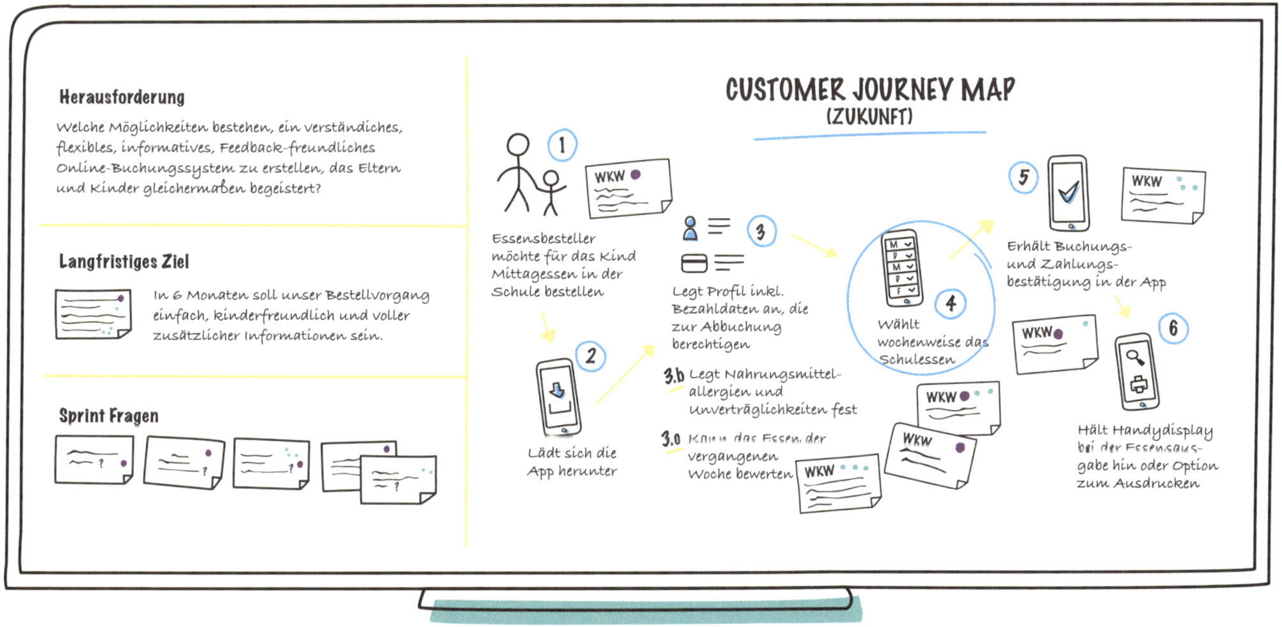

Herausforderung

Welche Möglichkeiten bestehen, ein verständliches, flexibles, informatives, Feedback-freundliches Online-Buchungssystem zu erstellen, das Eltern und Kinder gleichermaßen begeistert?

Langfristiges Ziel

In 6 Monaten soll unser Bestellvorgang einfach, kinderfreundlich und voller zusätzlicher Informationen sein.

Sprint Fragen

CUSTOMER JOURNEY MAP
(ZUKUNFT)

1 Essensbesteller möchte für das Kind Mittagessen in der Schule bestellen

2 Lädt sich die App herunter

3 Legt Profil inkl. Bezahldaten an, die zur Abbuchung berechtigen

3.b Legt Nahrungsmittelallergien und Unverträglichkeiten fest

3.0 Kann das Essen der vergangenen Woche bewerten

4 Wählt wochenweise das Schulessen

5 Erhält Buchungs- und Zahlungsbestätigung in der App

6 Hält Handydisplay bei der Essensausgabe hin oder Option zum Ausdrucken

So können Sie in jedem Sprint Ihr Überblicks-Board aufbauen, auf dem Sie zentral die wichtigsten Arbeitsergebnisse während des Sprints festhalten.

- **Geheimer Zeitplan:** Lassen Sie Ihr Team nicht an Ihrem konkreten Zeitplan teilhaben! Geben Sie nur für die jeweilige Übung die vorgesehene Zeit bekannt, im Sinne von »Für diese Übung gebe ich Euch zehn Minuten Zeit«. Dann schließen Sie die Übungen ab und erklären die nächste. Wenn dazwischen eine Frage auftaucht und Sie plötzlich zehn Minuten hinter Ihrem Zeitplan hinterherhinken, dann sagen Sie das nicht dem Team. Geben Sie diesem immer das Gefühl, alles flutscht ganz wunderbar. Überlegen Sie still und heimlich, bei welcher Übung Sie die Zeit wieder aufholen können. Sie sollen Ihr Team schließlich wie ein Kapitän souverän führen und nicht wie ein Cowboy vor sich hertreiben. Der Time-Timer gibt Ihnen die Möglichkeit, unbemerkt ein paar Minuten hinzuzuschummeln, wenn Sie dies in einer Übung als nötig ansehen, oder wegzunehmen, wenn Sie der Meinung sind, die Ergebnisse sind schon weit genug fortgeschritten. Das sollte nicht die Regel sein, es wird Ihnen aber an der ein oder anderen Stelle helfen, um Druck aus dem straffen Zeitplan zu nehmen, wenn Ihr Team eine kleine Erholungsphase braucht.
- **Ein-Zettel-Regel:** Achten Sie darauf, dass die Teammitglieder immer nur einen Gedanken pro Zettel formulieren. Papiersparendes Arbeiten ist an dieser Stelle kontraproduktiv.
- **Ungewohntes Arbeiten:** Weisen Sie immer wieder darauf hin, dass es bei einem Sprint darum geht, zusammen allein zunächst eine quantitativ hohe Masse an Arbeitsergebnissen zu produzieren, um möglichst viele gute Ideen hervorzubringen. Dass man sich dabei im Team nur sehr wenig austauscht, fühlt sich zunächst sehr ungewohnt an, ist aber in Ordnung so.

- **Provisorien:** Weisen Sie darauf hin, dass sich einiges auch noch während des Sprints korrigieren lässt oder von selbst korrigiert. Das nimmt manchen Teilnehmern den Frust oder die Angst, nicht genug Zeit zu haben, um etwas Vernünftiges auszuarbeiten. Erinnern Sie an das Sprint-Prinzip »Loslegen vor Richtigmachen«.

- **Fragenparkplatz:** Führen Sie einen Fragenparkplatz ein! Insbesondere wenn Sie merken, dass einem oder mehreren Teilnehmern eine Diskussion wahnsinnig unter den Nägeln brennt, schreiben Sie diese auf einen Klebezettel, heften ihn unter der Überschrift »Parkplatz« an die Wand und verweisen für eine Erörterung auf einen späteren Zeitpunkt. So behalten Sie das Heft in der Hand und können die Zeitfenster besser steuern, ohne die Teammitglieder zu frustrieren. Sie werden sehen, dass sich der größte Teil dieser geparkten Fragen bis zum Phasenende von selbst aufgelöst hat. Oder aber Sie können in einem angebrachten Moment vor oder nach einer Pause ganz ruhig die Fragen beantworten.

- **Diskussionen stoppen:** Entscheiden Sie sich gemeinsam mit Ihrem Team für eine Methode, mit der Sie Diskussionen abbrechen. Kennen Sie den roten Wuschel aus der Sesamstraße, Elmo? Den nutzen wir. Er steht bei uns für »Enough, let's move on«, also so viel wie »Genug jetzt, lasst uns zum nächsten Punkt kommen«. Sobald eine Diskussion ausartet, reckt ein Teilnehmer den Arm in die Luft und sagt laut »Elmo«. Schnell folgen ihm weitere Teammitglieder und binnen von Sekunden haben wir das Thema entweder auf dem Parkplatz zwischengeparkt oder ganz abgeschlossen. In einem Blogbeitrag hat Jake Knapp einmal darauf hingewiesen, dass er das Wort »Stopp« vermeidet und stattdessen lieber die Teilnehmer um eine »Pause« bittet. Suchen Sie sich eine eigene Art, in Diskussionen freundlich und wertschätzend innezuhalten und die Teilnehmer zu einem Fortkommen anzuregen.

- **Eigenfaszination:** Während jedes Sprints kommt irgendwann die Frage auf: Darf ich auf meine eigenen Ideen setzen? Ja, das ist ausdrücklich erlaubt. Es passiert aber deutlich seltener, als man annehmen sollte. Die meisten Teammitglieder erkennen es reibungslos an, wenn andere Ideen vielversprechender erscheinen als die eigenen. Es sind eher bestimmte Persönlichkeiten, die im Profilierungsmodus stecken geblieben sind und damit die Prinzipien des Sprints nicht umsetzen. Wenn Sie dies feststellen, sollten Sie eine Pause abseits der anderen Teilnehmer nutzen, um den Sprinter unvoreingenommen darauf anzusprechen. Vielleicht findet er ja wirklich nur seine Ideen absolut großartig oder er öffnet sich und kann über seine Motive mit Ihnen reden. Bleiben Sie stets in der Rolle des moderierenden Coachs, auch wenn Ihnen ein Verhalten gegen die Überzeugung geht. Ihr Job ist es, alle gemeinsam an ein Ziel zu bringen. Kein Teammitglied darf auf der Sprint-Strecke den Anschluss verlieren oder aus der Bahn geraten.
- **Teamdynamiken:** Versuchen Sie, negative Teamdynamiken gleich zu Anfang zu erkennen. Wenn Sie Persönlichkeiten richtig einschätzen, hindernde gruppendynamische Prozesse aufnehmen und diesen von Anfang an entgegentreten, werden Sie als Sprint Master einen leichteren Sprint haben. Sie müssen dominante Teilnehmer freundlich bremsen, stillere immer wieder motivierend einbeziehen und den Entscheider befähigen, damit er seine Entscheidungen treffen kann, ohne dass das Team meutert. Wenn Sie jetzt denken, dass Sie dafür ja ein halbes Psychologiestudium benötigen, dann liegen Sie richtig. Aber das brauchen Sie streng genommen an Ihrem Arbeitsplatz und in Ihrer Familie auch, wenn Sie es perfekt machen wollen. Also befreien Sie sich von dem Gedanken, dass jeder Sprint reibungslos verläuft. Aber achten Sie darauf, dass in Ihrem Team die Balance stimmt. Es ist eine der schwersten Aufgaben des Sprint Masters neben dem Einhalten des Sprint-Prozesses.

- **»Was hält uns davon ab«-Fragen:** In machen Teams kommen die Teilnehmer mit den »Wie könnten wir«-Fragen nicht recht voran. Dann gibt es eine einfache Übung, die den Teilnehmern weitere Denkanstöße für zusätzliche Fragen liefern kann. Nehmen Sie dafür eine WKW-Frage, halten Sie sie hoch und fragen das Team: »Was hält uns davon ab, dieses Problem anzugehen?« Erfahrungsgemäß erhalten Sie im Anschluss einige Stichworte zu Bedenken, die die Teilnehmer haben. Notieren Sie diese auf einer freien Wandfläche und bitten Sie Ihr Team, sich genau zu diesen Punkten weitere WKW-Fragen auszudenken, die das Thema erneut, aber anders angehen. Sie können dieses Frage-Antwort-Vorgehen so oft wiederholen, bis Sie das Gefühl haben, das Team weit genug in die Materie mitgenommen zu haben, dass es genug neue Inspiration für mögliche Problemlösungen generiert hat.

- **Dokumentation:** Am ersten Tag erstellen Sie unglaublich viel Material. Bitte halten Sie die Kamera bereit und dokumentieren Sie Ihre Arbeitsergebnisse ausnahmslos oder bitten jemanden aus Ihrem Unternehmen, dies für Sie zu machen. Es ist Ihre Verpflichtung als Sprint Master, dass die Arbeitsergebnisse strukturiert festgehalten werden, damit die Teilnehmer den gesamten Sprint und in der Zeit danach darauf zugreifen können. Denken Sie immer an die Kreativhöhle, in der Sie sich nicht verirren dürfen, aber die Ihrem Team die ideale Umgebung bieten muss, um zu hervorragenden Ergebnissen zu kommen. Was Sie nicht festhalten, geht womöglich verloren und ist damit aus dem Fundus Ihres Teams zur Ideengenerierung verschwunden.

- **Empathy Map:** Manchmal haben Sie zu den Lightning Talks mehrere Nutzer eingeladen und es fällt schwer, ihre unterschiedlichen Wünsche, Anforderungen und Erfahrungen strukturiert zu vermerken. Hier hilft Ihnen eine Empathy Map (übersetzt in etwa Empathie-Karte), die mehrdimensionale Visualisierung eines Nutzers. Man

versucht, aus Kundensicht verschiedene Sinneseindrücke zusammenzustellen: Was fühlt er? Was denkt er? Was hört und sieht er? Was bereitet ihm Sorgen, woran erfreut er sich? Was sind seine Wünsche? Die Visualisierung hilft, die Anforderungen von Kunden an ein mögliches Produkt oder eine Dienstleistung besser zu verstehen. Die Empathy Map bietet eine Möglichkeit, diese Informationen vom konkreten Nutzer hin zu einer fiktiven Persona zu abstrahieren und die Antworten mehrerer Nutzer aus einer Zielgruppe zu einem fiktiven neuen Kunden zusammenzufassen. Die strukturelle Basis dafür finden Sie in der folgenden Grafik zur Vorlage einer Empathy Map. Ihr Team muss während des Lightning Talk nur alle Fakten auf Haftnotizzetteln notieren, die der eingeladene Nutzer im Gespräch äußert, und diese im Anschluss den entsprechenden Feldern der Empathy Map zuordnen. Dann verwenden Sie ca. zehn Minuten mit Ihrem Team darauf, Mehrfachnennungen zusammenzufassen. Am Ende erhalten Sie ein Stimmungs-, Meinungs- und Handlungsbild eines fiktiven Nutzers, also einer Persona. Sie müssen diesen Schritt für weitere Personas wiederholen, wenn sie keine homogene Kundengruppe für Ihren Sprint in Aussicht haben, sondern sich Ihre potenzielle Lösung an ein diverses Zielpublikum richtet. Früher hat man das im Marketing auch als Zielgruppe bezeichnet. Diese Klassifizierung ist aber zu ungenau und führt eher zu Beliebigkeit als zu echter Innovation. Personas sind quasi einzelne fiktive Vertreter dieser Zielgruppen, die sich trotz einiger gemeinsamer Merkmale wesentlich unterscheiden und nicht wirklich in eine gemeinsame Gruppe gehören. Denken Sie zum Beispiel an die Zielgruppe Männer über 70, gut situiert, in der Öffentlichkeit stehend. Dann eröffnet sich in Sachen Persona noch immer ein Spektrum zwischen Donald Trump und Jürgen von der Lippe. Für Sprints, die sich an konkreten Kundenbedürfnissen ausrichten, sind möglichst konkrete Personas damit um Längen besser geeignet als nur grob unterschiedene Zielgruppen. Es kann auch helfen, sich auf sogenannte Extremnutzer zu fokussieren. Das sind Nutzer, die aus Ihrem gesamten Kundenkreis durch extreme Eigenschaften herausstechen. So könnten das in unserem Beispiel Schulkinder mit gleich mehreren verschiedenen Allergien auf Nahrungsbestandteile sein. Manchmal erhält man über die Fokussierung auf diese Extreme ganz außergewöhnliche innovative Lösungen, die sich aufgrund ihrer Brillanz wiederum auch bei den anderen Nutzern durchsetzen, die nicht diese außergewöhnlichen Anforderungen haben. Wie immer im Design Sprint gilt: Probieren Sie es aus. Erst die Resultate der Kundentests werden Ihnen recht geben oder Ihre Annahmen widerlegen.

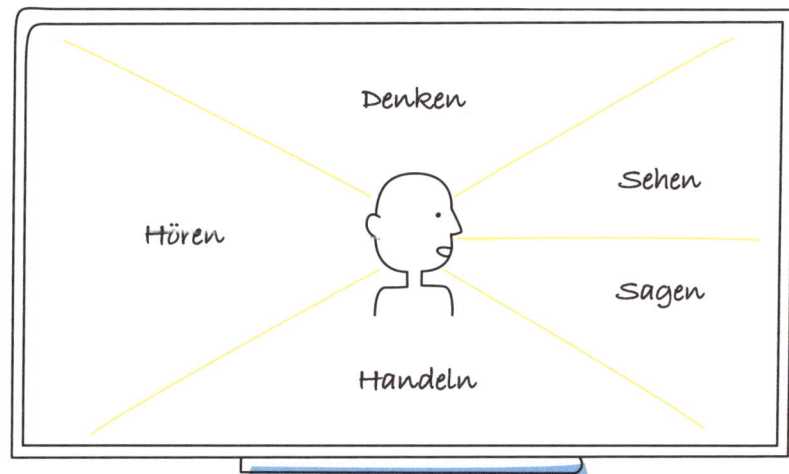

So sieht die Vorlage einer Empathy Map aus, wie wir sie in unseren Sprints benutzen, wenn wir die unterschiedlichen Anforderungen des Nutzers noch einmal strukturiert erarbeiten wollen.

Überblick Phase 2:
Ideen sammeln und skizzieren

Nachdem die Herausforderung in der Phase 1 mit all ihren Facetten beleuchtet wurde, sollen in Phase 2 nun möglichst viele unterschiedliche Ideen von den Teammitgliedern entwickelt werden, wie die Herausforderung gelöst und ein hoher Mehrwert für den Nutzer geschaffen werden kann. Zuerst suchen die Teammitglieder nach Inspiration im Internet und ihrem persönlichen wie beruflichen Umfeld. Welche Analogien lassen sich herstellen? Wo ist eine ähnliche Herausforderung auf einem anderen Gebiet gut gelöst? Im Anschluss nähert sich jedes Teammitglied über einen vierstufigen Zeichenprozess seiner ganz individuellen Lösungsskizze, die die anderen Teilnehmer erst am Folgetag in Phase 3 zu sehen bekommen werden.

1. VERSTEHEN   2. SKIZZIEREN   3. ENTSCHEIDEN   4. PROTOTYPING   5. ÜBERPRÜFEN

Sprint-Master-Stundenplan der Phase 2

15:00

Lightning Demos

Ihr Team sammelt Ideen aus anderen Bereichen, die für die Herausforderung des Sprints nützlich sein könnten.

16:00

4-Step Sketch:
1/4 Greatest Hits (Boot-up)

Jedes Teammitglied erstellt für sich ein Faktenblatt mit den vielversprechendsten Ideen und den wichtigsten Fakten, die in eine Lösung seiner Meinung nach einbezogen sein sollten.

16:10

4-Step Sketch:
2/4 Erste Skizze

Jedes Teammitglied erstellt individuell eine ersten Skizze zu seinen ersten Gedanken, die um eine mögliche Lösung und Antworten auf die Sprint-Fragen kreisen.

16:30 PAUSE

16:45

4-Step Sketch:
3/4 Crazy 8s

Mit einem Zeitfenster von je einer Minute skizziert jedes Teammitglied individuell acht Variationen einer oder mehrerer Lösungsideen.

17:00

4-Step Sketch:
4/4 Lösungsskizze

Jedes Teammitglied erstellt seine eigene Lösungsskizze. Diese Skizzen werden das Herzstück des Sprints sein.

18:00 ENDE

Anschließend nur für den Sprint Master

Vorbereitung Skizzengalerie

Sie als Sprint Master hängen unter Ausschluss des Teams alle Lösungsskizzen wie in einer Galerie mit ausreichend Platz zwischen den Entwürfen im Raum auf.

Materialien

Laptops und
Smartphones der
Teilnehmer zu eigenen
Recherchezwecken

1 schwarzer Stift
pro Person

1 Block quadratische
Haftnotizen pro Person

1 Block rechteckige
Haftnotizen pro Person

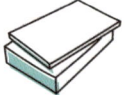

100 weiße Blätter
DIN A4

50 weiße Blätter DIN A4
mit Vordruck eines
Browser-Fensters

50 weiße Blätter DIN A4
mit Vordruck dreier
mobiler Screens

1 Schere und 1 Rolle
Abdeckband (Malerkrepp)

1 Kiste bunte Stifte

1 Stoppuhr
(Time-Timer)

1 Kamera

- Die Essenz der Fakten und Überlegungen aus den vorangegangenen Übungen zur Lösung möglichst vieler aufgeworfener Fragen und zur Beseitigung der meisten Hindernisse werden von den Teammitgliedern individuell auf einem Blatt Papier festgehalten

- Je eine detailliert ausgearbeitete Lösungsskizze eines jeden Sprint-Teilnehmers bestehend aus Text und grafischen Elementen

Lightning Demos

Gute Ideen entstehen selten aus dem Nichts. Meistens braucht es einen Funken, der die nötige Inspiration liefert. Sie erinnern sich an die Lightning Talks? Wir brauchen erneut blitzschnelle und erhellende Zusatzideen und erfolgreiche Demonstrationen, wie andere ihre Herausforderungen gelöst haben: Lightning Demos. Sie sammeln mit Ihrem Team Vorgehensweisen aus anderen Gebieten. Wenn Sie es lieben, in Ihrem Teegeschäft die getrockneten Blüten und Früchte selbst zu einer Mischung zusammenstellen zu können, ließe sich dieses Gefühl über individuell kombinierbare Zutaten auf Schulküchenbesucher übertragen? Wenn Sie die Produktrezensionen auf Amazon als entscheidendes Kaufargument zurate ziehen, sollten Sie dann nicht auch eine solche Bewertungsmöglichkeit bei der Schulessenauswahl anbieten? Um solche Fragen geht es bei den Lightning Demos. Nicht gucken, was die Schulküchen-Konkurrenz Besonderes macht, und dort abkupfern, sondern Ideen aufgrund des eigenen Erlebens in völlig anderen Lebensbereichen entwickeln. Führen Sie Ihr Team als Sprint Master zurück in deren eigenen Alltag, beruflich wie privat, und geben Sie ihnen 15 Minuten Zeit, dort nach Inspiration für die gemeinsame Herausforderung zu suchen. Es kann auch ein Arbeitsablauf sein, den Kollegen in einer anderen Abteilung entwickelt haben und der sich gut übertragen lässt. Dem Findungsdrang Ihrer Sprint-Teilnehmer sind keine Grenzen gesetzt. An dieser Stelle sind Laptops und Smartphones ausdrücklich erwünscht; sowohl für die eigene Recherche des Sprint-Teams als auch um anderen Teilnehmern das eigene Erleben gut präsentieren zu können, wenn es sich denn um ein digitales handelt.

Im Anschluss bitten Sie alle Sprint-Teilnehmer, die besten Lösungen den anderen im Team vorzustellen. Achten Sie darauf, dass der Fokus auf den Feature liegt, die sich möglicherweise übertragen lassen, und geben Sie diesen als Sprint Master einprägsame Namen. Notieren Sie den Fundort und das Feature auf ein Whiteboard und machen Sie wenn möglich kleine Skizzen dazu.

Unser Beispiel: »Schulküche Cookidadido«

Feature	Quelle	Beschreibung
Empfehlungen	Komoot Travel App	Besucher von bestimmten Wegen oder Sehenswürdigkeiten empfehlen diese – aus der Anzahl und Sternevergabe lassen sich schnell Rückschlüsse ziehen
Bewertung realer Käufer	Amazon & TripAdvisor	Detaillierte Rezensionen lassen jede Menge Rückschlüsse auf das eigentliche Produkt zu, Marketingbotschaften werden geprüft
Vorlieben speichern	Outfittery	Im Profil sind Vorlieben bereits angelegt, sodass einem bestimmte Produkte gar nicht mehr angeboten werden, weil man diese schon ausgeschlossen hat (ideal für Geschmack, Allergien, Unverträglichkeiten)
Bewertung nach gesundheitlichen Kriterien	ToxFox	Zusatzinfos zu den Inhaltsstoffen und deren Auswirkungen auf den Körper
Zusammenhang Nahrung & Energie darstellen	Spiele	Wie in einem Onlinespiel laden die Schulküchen-Kunden ihrem Avatar bestimmte Energielevel auf, je nachdem was sie essen
Einfaches Kaufen	App Store iPhone	Nur per Fingerabdruck bestätige ich meine Identität und löse den Kauf aus
Tagesziele & Ernährung verknüpfen	Fitness-Apps	Einstellung der Tagesziele: heute Lorem – geringer Kalorienbedarf, heute Klausurvorbereitung – leichte Kost, ausreichend Kohlenhydrate, heute Sport – mittlerer Kalorienbedarf, schwanger – besonderes Augenmerk auf Mineralstoffe und Vitamine
Leichte Abwahl von Essen	Tinder	Schnelles und einfaches Auswählen von Gerichten, die der Kunde mag oder nicht mag durch Abwahl oder Auswahl nach links oder rechts
Individuelles Dashboard	Welovroi	Völlig freie Gestaltung eines Dashboards mit festgelegten Metriken (zu Mineralstoffen, Energiebedarf, Ökologischer Fußabdruck denkbar)
Individuelle Zutatenkombi	PizzaMax	Statt einer fertigen Pizza kann man eine Pizza zusammenstellen, so wie es der eigene Geschmack vorgibt

Während der Lightning Demos lassen sich die Teammitglieder von völlig unterschiedlichen Lösungen anderer Lebensbereiche inspirieren. Diese Übung hat stets einige Überraschungen parat. Wir haben Ihnen hier eine bunte Liste zur Veranschaulichung zusammengestellt.

Zeit (Min)

15 individuelle Recherche nach übertragbaren Ideen

3–5 pro Teilnehmer für die Vorstellung der gefundenen Ideen

Abschluss

Sie verfügen über eine Ideensammlung von 10–20 besonderen Features, Vorgehensweisen oder Designs.

4-Step Sketch

Der vierstufige Skizzenprozess ist die letzte Übung der zweiten Phase. Er dient dazu, die Teammitglieder Stück für Stück an die Erarbeitung einer individuellen Lösungsskizze heranzuführen. Bisher war die Arbeit im Sprint auf individuelle Beiträge ausgerichtet, die als solche nicht in der Gruppe diskutiert und bewertet wurden. Dies wird sich in der folgenden dritten Phase ändern. Um diesen Wechsel in der Arbeitsweise behutsam zu begleiten, sieht der Sprint einen Prozess mit vier Schritten vor, durch den Sie Ihr Team am Ende der zweiten Phase hindurchmanövrieren müssen. Die ersten drei Schritte dienen weiter der individuellen Vorbereitung, erst die Ausarbeitung im vierten Schritt wird dem Team präsentiert und von diesem auf Gehalt und Machbarkeit geprüft. Stellen Sie sich diesen Prozess vor wie ein gutes Essen bei Ihnen zu Hause, zu dem Sie das erste Mal Ihre große Liebe eingeladen haben. Es soll gelingen und Sie bereiten sich vielleicht ein klitzekleines bisschen besser vor, als wenn sie nur für sich selbst kochen würden. Im ersten Schritt machen Sie sich eine Liste mit allen Zutaten, die Sie gerne verwenden würden, weil Sie wissen, dass diese Ihr Partner besonders gern mag. Im zweiten Schritt bilden Sie Gruppen von Lebensmitteln, die sich idealerweise von allen Lieblingszutaten am besten miteinander verbinden lassen. Was passt als Vorspeise zusammen und lässt sich gut zubereiten? Was wird Hauptgang, was kombinieren Sie zu einem fulminanten Dessertabschluss? Als dritten Schritt denken Sie sich in die Zubereitung hinein. Vermengen Sie Erdbeeren und Sahne zu einem gefrorenen Dessert oder verkuppeln Sie beides besser auf einem Kuchenboden als Törtchen? Sie nähern sich Schritt für Schritt Ihrem finalen Speiseplan. Zu guter Letzt machen Sie sich ein kleines Drehbuch für den großen Abend: Wie viel Zeit brauchen Sie für die Zubereitung welcher Zutaten in welchen Mengen und wann muss was in den Ofen oder den Kühlschrank, damit es knusprig und heiß oder knackig und kalt auf den Teller Ihrer großen Liebe kommt? Weil Sie feststellen, dass Sie vielleicht zu aufgeregt sind und nicht alles alleine zubereiten können, holen Sie sich die Hilfe eines Freundes und malen an die Zutaten- und Zubereitungslisten noch kleine Zeichnungen, damit dieser Ihnen gut folgen kann, wie Sie alles anrichten möchten. Sie haben bisher immer noch nichts gekocht, aber Sie haben nun eine genaue Vorstellung davon, wie und was Sie zubereiten wollen, und Sie haben es so formuliert, dass man Ihnen gut folgen kann. Ich hoffe, Sie folgen uns noch und machen nicht gerade eine Einkaufsliste für das Abendessen? Also zurück zum Sprint, Sie erinnern sich: der 4-Step Sketch. Diese Kochvorbereitungsschrittfolge durchläuft analog nun Ihr Team.

Achten Sie darauf, dass Sie Ihren Teilnehmern zwar die große Bedeutung dieser letzten Übungsreihenfolge am ersten Tag klarmachen, gleichzeitig aber betonen, dass hier auch noch kein Meister vom Himmel gefallen ist. Die große Liebe würde aufgrund eines misslungenen Essens sicher auch nicht gleich die Freundschaft kündigen. Betonen Sie auch, dass es sich um eine Lösungs*skizze* handelt. Das heißt, es gilt, einer im Kopf der Sprint-Teilnehmer existierenden Idee eine Form und Struktur zu geben, damit sie konkret wird und von den anderen verstanden und hinterfragt werden kann. Es geht darum, etwas zu transportieren, um den Geschmack, ein Gefühl oder eine Ahnung, wie es aussehen und funktionieren soll. Diese Darstellung von Zusammenhängen und Abhängigkeiten erreichen Teammitglieder am ehesten mit Texterklärungen, Kästchen, Kringeln, Pfeilen oder Icons und nicht mit einem stilistisch preisgekrönten Gemälde. Diese Skizzen sind der große Schatz des Design Sprints. Wenn Sie hier keine Rohdiamanten erzeugen, aus denen Sie etwas fertigen können, dann werden Sie auch für den Rest des Sprints zu keinen funkelnden Ergebnissen mehr kommen. Sie werden die Skizzen in der dritten Phase mit dem gesamten Team beurteilen und auswählen und die besten Elemente in Phase 4 in einen Prototyp verwandeln, den Sie dann den Kunden präsentieren. Also achten Sie darauf, dass Ihre Teilnehmer einhundert Prozent bei der Sache sind und Sie ihnen die bestmögliche Arbeitsumgebung für diese letzte Übungseinheit des ersten Tages schaffen.

Damit jedes Teammitglied am Ende eine wertvolle Lösungsidee zu Papier gebracht hat, leitet der Sprint Master durch insgesamt vier Übungen, die deren Erstellung erleichtern sollen.

Zeit (Min)

10 individuelle Notizen

Abschluss

Jeder Teilnehmer hat ein individuelles
Fakten- und Ideenblatt vor sich,
auf dessen Grundlage er mögliche
Lösungen entwickeln kann.

(1) Greatest Hits

4-Step Sketch Schritt 1: Greatest Hits

Der erste Schritt des Skizzenprozesses 4-Step Sketch wird im
Google Framework als Greatest Hits oder auch Boot-up bezeichnet. Es ist die wesentliche Zutatenliste für alle Bestandteile, die jedes Teammitglied zu einer neuen Lösungsidee
verarbeiten möchte. Das Teammitglied soll sich dafür noch
einmal alle wichtigen Fakten und überzeugenden Ideen-
schnipsel ins Gedächtnis rufen und für sich zusammenstellen, noch einmal den eigenen Wissensspeicher sortieren –
daher der Begriff »Boot-up« – und wie auf einer Playlist die
allerbesten Songs zusammenstellen – daher die Bezeichnung als »Greatest Hits«.

4-Step Sketch Schritt 2: Erste Skizze

Einige Sprint Master verzichten inzwischen auf diesen Schritt der ersten individuellen Skizze, um Zeit zu sparen. Wir machen dies nicht, denn wir halten es für äußerst wichtig, den Sprint-Teilnehmern die Möglichkeit zu geben, sich ein bisschen auszuprobieren. Wenn Sie das an dieser Stelle nicht machen, hat das zur Folge, dass Sie die Teilnehmer im nächsten Schritt vor ein leeres Blatt Papier setzen und sagen: »Los, zeichnen! Sofort! Sie haben eine Minute!« Das finden wir an dieser Stelle äußerst kontraproduktiv, denn gerade diese letzte Skizzenerarbeitung ist das Herzstück des Sprints. Blockaden können Sie hier auf keinen Fall gebrauchen. Daher: Geben Sie Ihren Teilnehmern 20 Minuten, bunte Stifte und ausreichend Papier und ermuntern Sie sie, ausgelassen und frei zu zeichnen, zu kritzeln, durchzustreichen, Muster, Farben, Formen und Texte zu verbinden. Einfach mal anfangen und ein Blatt füllen, damit die große weiße Fläche des leeren Blattes ihre einschüchternde Wirkung verliert. Es ist ein bisschen wie die Vorbereitung eines Sportlers am Wettkampftag. Ihr Team braucht die Zeit, sich individuell für die alles entscheidende Lösungsskizze warmzulaufen.

 Erste Skizze

4-Step Sketch Schritt 2

Zeit (Min)

20 individuelles Skizzieren

Abschluss

Jeder Teilnehmer hat eine erste Skizze angefertigt, in der er versucht hat, die Zutaten aus dem Faktenblatt in Verbindung zu bringen und vielleicht schon eine Idee mit Bildern und Text auszuarbeiten.

4-Step Sketch Schritt 3: Crazy 8s

Erinnern Sie sich noch an Ihre Schulzeit? Haben Sie Hausaufgaben immer gleich fertiggestellt oder eher auf den letzten Drücker abgegeben? Wenn Sie zu Letzteren gehören, dann machen Sie es so wie die Mehrheit der Menschheit. Was sich schieben lässt, wird gerne geschoben. Und ist dann im Ergebnis meist nicht schlechter, als wenn man eher angefangen hätte. Oft ist sogar das Gegenteil der Fall. Zeitdruck erzeugt unserer Erfahrung nach bei vielen Menschen unglaublich gute Resultate. Dem trägt der dritte Schritt des 4-Step Sketch Rechnung. Acht Zeichnungen in acht Minuten. Mit der Übung *Crazy 8s*, also »die verrückten 8«, setzen Sie die Teammitglieder genau unter diese Art von Fertigstellungsdruck, in jeweils nur einer Minute je eine Skizze anzufertigen. Einige Sprint-Teilnehmer werden Sie ungläubig anschauen und versichern, eine Minute würde niemals für eine Skizze reichen. Bestätigen Sie diese Teilnehmer in deren Gefühl und weisen Sie darauf hin, dass die Übung genau aus diesem Grund das Wort »crazy« im Namen trägt. Dann bitten Sie die Teilnehmer, es trotzdem zu versuchen. Denn die Ergebnisse wären in vielen Teams so unglaublich gut, dass die Crazy-8s-Übung einen festen Platz im Sprint-Framework hat. Wägen Sie als Sprint Master vorsichtig ab, wie viel positiven Stress Sie erzeugen, damit Ihr Team diese

Herausforderung gern annimmt. Beruhigen Sie besorgte Mitglieder, dass es kein Problem ist, wenn ein Feld der Crazy 8s freibleibt. Um im Sinn des Sportlers zu bleiben: Ihr Team absolviert jetzt das letzte Warmlaufen, die Generalprobe vor dem großen Finale.

Und so funktioniert es: Bitten Sie die Teilnehmer, ein weißes DIN-A4-Blatt zu nehmen und dreimal zur Mitte zu falten, also jeweils zu halbieren. Wenn Sie es anschließend aufklappen, erhalten Sie ein Blatt mit acht gleichen Kästchen. Ob Ihre Teilnehmer dieses im Hoch- oder Querformat vor sich hinlegen möchten, ist völlig egal. Dann erklären Sie Ihren Teilnehmern, dass Sie nun nacheinander jeweils eine Minute Zeit haben, je ein kleines Kästchen mit einer Idee zu füllen. In das erste Kästchen soll eine Skizze der vielversprechendsten Idee. Sobald Sie nach einer Minute das Zeichen geben, sollen Ihre Teilnehmer in das nächste Kästchen wechseln und eine Verbesserung der Idee oder alternative Darstellung versuchen. Wenn man sich auf diese Weise zwingt, die Ausgestaltung einer Idee zu variieren, kommt es zu fantastischen Ergebnissen. Auch für Formulierungsalternativen von Kernelementen der Lösung lassen sich die Crazy 8s hervorragend nutzen. Sinn der Crazy-8s-Übung ist es, an die vorangegangenen beiden Übungen anzuschließen und Potenziale auszuloten. Sollten Teilnehmern auf dem Weg partout keine weiteren Varianten einfallen, können diese auch mittendrin zu einer anderen Idee wechseln und sie ausprobieren. Die größten Aha-Effekte erzielen die Teilnehmer erfahrungsgemäß aber, wenn sie es schaffen, bei einer Idee zu bleiben. In unseren Sprints sind die Kästchen 2, 4 und 7 die aussagekräftigsten. Schauen Sie mal auf die Skizzen Ihrer Teilnehmer, in welcher der acht Minuten diese die besten Ergebnisse erzielen. Auch diese Skizzen-Varianten dienen ausschließlich dem Sprint-Teammitglied selbst und werden mit den anderen Teilnehmern nicht geteilt. Es ist allerdings die letzte Übung im Sprint, bei der das der Fall ist.

Noch ein Tipp für Sie als Moderator: Der Time-Timer leistet Ihnen bei minütlichem Stoppen nicht so gute Dienste. Dafür eignet sich eine kleine Stoppuhr oder eine entsprechende Handy-App deutlich besser. Sagen Sie den Teilnehmern den Startpunkt an und geben Sie jeweils nach einer Minute die Anweisung, in das nächste Kästchen zu wechseln.

 Crazy 8s

Zeit (Min)

8×1 individuelle Skizzen

Abschluss

Ein Acht-Skizzen-Blatt pro Teilnehmer, auf dem er eine oder mehrere Ideen in verschiedenen Varianten ausgearbeitet hat.

4-Step Sketch Schritt 4: Lösungsskizze

Die Teilnehmer haben den Tag über verschiedene Aspekte beleuchtet, haben sich Stück für Stück in die Materie eingearbeitet und seit dem Nachmittag Ideen angedacht und erste Skizzen zu Papier gebracht. Jetzt gilt es, all das, was noch frisch im Kopf herumschwirrt, in eine strukturierte

Form zu bringen und zu einer Klarheit zu kommen, von der die anderen Sprint-Teilnehmer bei der späteren Betrachtung profitieren können. Denn diese noch immer individuell erstellten Skizzen werden in der nächsten Phase von allen Teilnehmern betrachtet, bewertet und diskutiert. Weisen Sie Ihre Teilnehmer darauf hin, dass es nun darauf ankommt, nicht mehr nur für sich zu arbeiten, sondern für alle anderen Sprint-Teilnehmer. Dafür muss die finale individuelle Lösungsskizze gut leserlich und verständlich gefertigt sein. Jedes Teammitglied hat eine Stunde Zeit, seine individuelle Lösungsskizze zu erstellen. Als Richtwert für die Lösungsskizze geben wir drei Schritte auf drei DIN-A4-Seiten vor, der in der Realität aber selten eingehalten wird. Wichtig dabei ist, dass die Teilnehmer begreifen, dass diese Skizzen das

Herzstück des ganzen Sprints sind, sie also bei aller Erschöpfung am Tagesende trotzdem alles geben.

Die Lösungsskizze ist die persönliche Hypothese eines jeden Sprint-Teilnehmers, wie sich die Herausforderung lösen ließe. Formal haben sich allerdings einige Kriterien als hilfreich bewährt, die Sie als Sprint Master Ihren Teilnehmern an die Hand geben sollten. Wir haben diese im folgenden Merkkasten auf der nächsten Seite zusammengestellt. Bitten Sie Ihre Teilnehmer, diese zu befolgen und, sobald sie mit ihrer Arbeit fertig sind, die Skizze bei Ihnen abzugeben und den Sprint-Raum zu verlassen. Niemand soll die Skizzen der anderen an diesem Tag noch zu sehen bekommen außer Sie als Moderator.

Regeln zum Erstellen der Lösungsskizze

selbsterklärend

Die Skizze soll möglichst realistisch darstellen, wie die Herausforderung gelöst werden kann. Das heißt, ein potenzieller Anwender muss sie intuitiv verstehen können, ohne dass sie in Länge erklärt werden muss. Daher sollte die Skizze so gezeichnet und beschriftet sein, dass sie selbsterklärend ist. In unseren Sprints lassen wir den Sprint-Teilnehmern die Möglichkeit offen, einige Hinweise oder Anwendungsvorgaben auf Klebezettel zu notieren und an der entsprechenden Stelle neben der Skizze zu platzieren.

anonym

Die Skizze soll auf ihren Gehalt und ihr Potenzial hinsichtlich der Lösung beurteilt werden und nicht nach Autor und seinem Stellenwert in der Hierarchie des Unternehmens. Die Anonymität macht es deutlich leichter, objektiv die Skizze zu beurteilen und auch Kritik zu üben. Daher soll die Skizze nicht den Namen des Autors, sondern einen aussagekräftigen, einprägsamen eigenen Fantasienamen tragen.

pragmatisch & präzise

Die Skizze soll auf eine umsetzbare Lösung hinarbeiten und nicht das größte Kunstwerk unter der Sonne sein. Die Teilnehmer sollen kreativ sein, Spaß am Erstellen der Skizze haben, aber sich nicht überfordert fühlen. Kästchen, Kreise, Pfeile und Strichmännchen kann jeder malen, einen leserlichen, sauber formulierten Textbaustein danebenstellen auch. Wichtig ist, dass alle Details präzise ausformuliert und ausgearbeitet sind und die Lösung schlüssig und nachvollziehbar dargestellt wird. Die Skizze sollte möglichst keine Fragen offen lassen. Das ist die Pflicht, alles andere ist Kür.

Zeit (Min)

60 individuelles Ausarbeiten einer Lösungsidee

Abschluss

Jeder Teilnehmer hat eine individuelle Lösungsskizze ausgearbeitet.

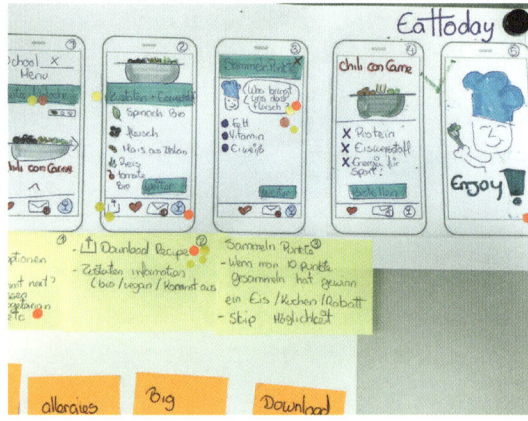

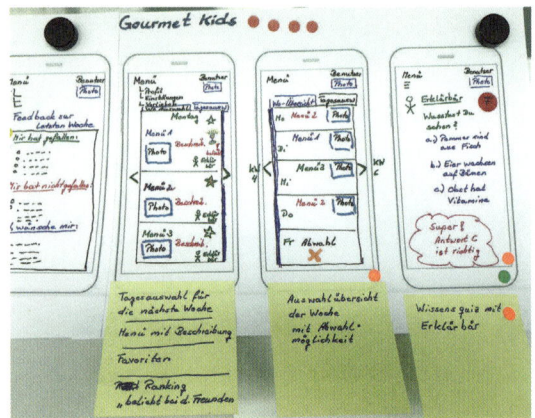

So könnten Entwürfe für unsere Schulküche aussehen. Die Lösungsskizzen-Entwürfe sind meist überraschend vielfältig, obwohl allen Teilnehmern die mehr oder weniger gleichen Informationen und Inspirationsquellen zur Verfügung stehen.

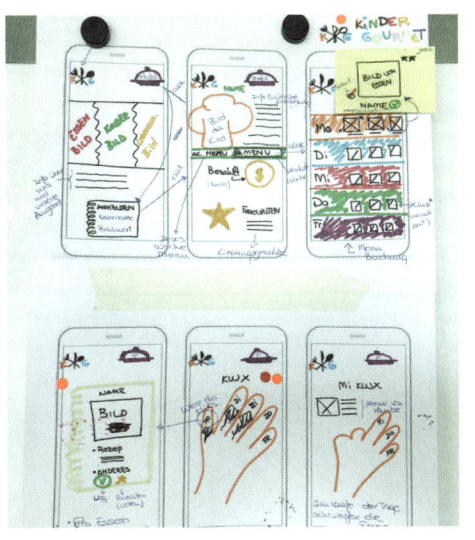

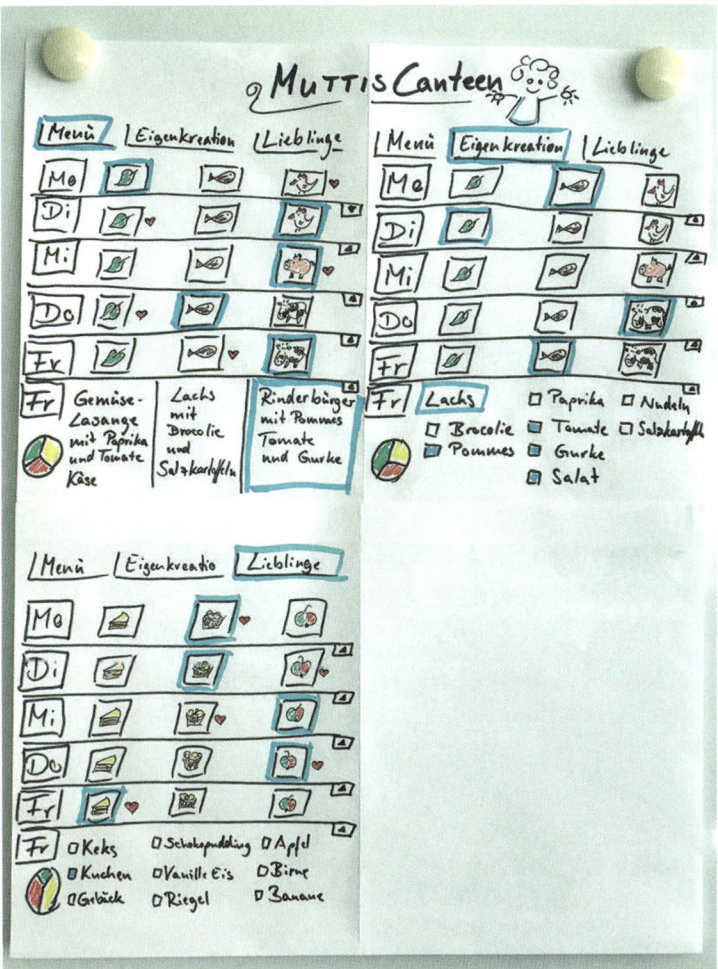

Wir haben in unseren Sprints auch schon versucht, die Skizzenphase auf den nächsten Tag zu verlegen, die Resultate waren aber enttäuschend und deutlich unter dem Niveau der Montags-/Tag-1-Skizzen. Auch wenn die Teilnehmer frischer und ausgeruhter waren, so waren die vielen Details aus den Vorübungen durch die nächtliche Pause nicht mehr so präsent und das Engagement beim Ausarbeiten deutlich geringer.

Wenn Sie nicht so wie in unserem Schulküchen-Beispiel schon auf einen digitalen Ablauf fokussiert sind, können hier alle Arten von Ideen zum Tragen kommen: Prozessabläufe, Raumkonzepte, Handlungsskripte, Strukturierungsideen, Handydisplay- und Browseransichten oder Produktdummys. Manche Teilnehmer skizzieren sofort kleinste Details, anderen ist die Einbettung in eine Eröffnungsszenerie ganz wichtig. Machen Sie hier als Sprint Master inhaltlich keine Einschränkungen. Weisen Sie nur immer wieder auf das langfristige Ziel und die Sprint-Fragen hin, die eine Lösungsskizze beantworten muss.

Vorbereitung der Skizzengalerie

Nachdem Ihre wahrscheinlich ausgepowerten Teilnehmer endlich in den Feierabend gegangen sind, haben Sie noch eine kleine, aber sehr schöne Aufgabe: die Vorbereitung der Skizzengalerie für den kommenden Tag. Hängen Sie alle Skizzen wie in einer Kunstausstellung nebeneinander an der Wand auf. Am einfachsten nutzen Sie hierfür das Malerkrepp, damit Sie die Skizzen nachher auch schnell wieder lösen können, ohne sie zu beschädigen. Verteilen Sie sie großzügig im Raum, denn am morgigen Tag werden sich alle Teilnehmer vor den Skizzen versammeln und diese betrachten. Daher sollten diese nicht dicht gedrängt hängen, damit alle genug Platz haben, die Skizzen in Ruhe zu studieren. Wenn Sie noch Zeit und Muße haben, können Sie selbst schon einen ersten Blick auf die Lösungsideen werfen. Sie müssen es aber nicht. Sie werden selbst müde vom Tag sein und können vielleicht mehr für sich selbst mitnehmen, wenn Sie am frühen Morgen des Folgetages ein bisschen eher im Sprint-Raum sind oder erst gemeinsam mit den anderen Teilnehmern die Skizzen auf sich wirken lassen.

Am Abend gilt es, die Lösungsskizzen so im Raum zu verteilen, dass jede für sich auf den Betrachter wirken kann und am nächsten Morgen kein Gedränge entsteht, wenn jedes Teammitglied jede Skizze in Ruhe ansehen möchte.

- **Mottenkiste:** Sprint-Teilnehmer sind meist sehr schnell dabei, im Netz nach coolen Applikationen zu suchen, wenn es um Lightning Demos geht. Ermuntern Sie die Teilnehmer, auch an halbfertige Projekte zu denken, die irgendwann mal aus irgendeinem Grund nicht umgesetzt wurden, aber großes Potenzial hatten. Oder auch unfertige Ideen, die manchmal in den Köpfen der Teilnehmer seit geraumer Zeit schlummern, bisher aber noch nie wirklich durchdacht wurden. Auch solche lassen sich in einem Sprint dem Team erklären, auch wenn man keine schicke Website oder Applikation hierfür vorzeigen kann. Lassen Sie die Teilnehmer also buchstäblich nochmals in der zunächst wenig attraktiven Mottenkiste stöbern, ob sich vielleicht doch noch etwas Wertvolles aus deren Inneren hervorzaubern lässt.

- **Zeichnen:** Es gibt immer wieder Sprint-Teilnehmer, die sich dem Zeichnen verweigern. Sollten Sie dies beim Erstellen der ersten Lösungsskizze bemerken, machen Sie eine kurze Pause im Sprint-Prozess und laden Ihr Team zu einem Spiel ein. Sie schreiben einen Begriff auf eine Karte, ein Teammitglied kommt zu Ihnen vorne ans Whiteboard und muss den Begriff malen, während das Team so schnell wie möglich raten soll, um was es sich handelt. Fangen Sie das Spiel nicht gleich mit der Person an, die sich verweigert hat. Lassen Sie ihn als Dritten oder Vierten starten. Geben Sie ihm einen bildlichen, kombinierten Begriff wie »Hundehütte« oder »Sonnenschirm« oder »Angsthase«, der sich auch ohne Anstrengung gut zeichnen lässt. Mit etwas Glück bekommen Sie ihn motiviert, neben dem Text der Beschreibung seiner Idee auch auf Bilder oder wenigstens Kästchen, Muster und Pfeile zu setzen. Wenn nicht, werden Sie auch damit leben können. In unseren Sprints haben narrative Konzepte ohne Zeichnung aber nie punkten können, weil bloßer Text das Nachvollziehen und Wiedergeben der Lösungsstrategie schwieriger macht.

- **Farben:** Ermutigen Sie die Teilnehmer, zu den bunten Stiften zu greifen. Erklären Sie, dass die Chance, sich mit Farben ordentlich auszutoben, seit dem Verlassen des Kindergartens nie wieder so groß war wie jetzt. Umso mehr Farben Sie dabei anbieten, desto größer die Versuchung und damit die Möglichkeit, sehr bildlich attraktive Ergebnisse zu bekommen. Darunter verstehen wir nicht, dass nur bunte Skizzen gute Skizzen sind, sondern, dass Sie damit die Fantasie der Teammitglieder beflügeln können.

- **Musik:** Fragen Sie Ihr Team, ob es Musik während der Skizzenphase hören möchte. Erfahrungsgemäß benötigen einige Teilnehmer absolute Ruhe, die anderen kommen erst mit der passenden akustischen Untermalung so richtig in Schwung. Konsens erreichen wir in den wenigsten Sprints, spätestens bei der Musikauswahl stehen wir dann endgültig zwischen den Geschmäckern. Wir legen in unseren Sprints meistens leichten Jazz auf, wenn wir das Gefühl haben, die Stimmung damit auflockern zu können. Für die Übungen, die absolute Konzentration erfordern, räumen wir den Teilnehmern immer die Option ein, sich mit ein paar Kopfhörern vom Smartphone aus die Lieblingsmusik einspielen zu lassen, um ihre individuelle Wohlfühluntermalung zu finden. Manche Teammitglieder erreichen so Höchstleistungen. Behalten Sie diese Option der Abwechslung im Hinterkopf.

- **Feedback:** Wenn Sie die Möglichkeit haben, setzen Sie sich als Sprint Master während der letzten Skizzenübung vor die Tür des Sprint-Raumes, in den Pausenbereich oder sonst einen nahe gelegenen separaten Ort. Wir haben die Erfahrung gemacht, dass Sprint-Teilnehmer des Öfteren Rückmeldung oder Coaching von Seiten des Sprint Masters brauchen. Meistens startet die Frage mit einem »Kann ich das so machen?«, bevor Ihnen eine halbfertige Lösung gezeigt wird. Im Sprint-Raum stört das

die anderen Teilnehmer, denn diese lauschen automatisch auf Ihre Antwort. Diese könnte ja auch Mehrwert für die eigene Arbeit liefern. Daher ist es sinnvoller, Sie bieten diese Rückfragemöglichkeit ein wenig abseits vom Rest des konzentriert arbeitenden Sprint-Teams. Und haben Sie keine Scheu: Die Fragen sind meist leicht zu beantworten. Versetzen Sie sich einfach in die Lage eines neutralen Beobachters und schauen Sie sich die Skizze an. Finden Sie sich zurecht? Können Sie dem Text und den Bildern folgen? Geben Sie Hinweise, wo Sie Verständnisschwierigkeiten haben. Das ist meist ausreichend. Versuchen Sie auf keinen Fall, Ihre eigenen Ansichten einzubringen. Erinnern Sie das Teammitglied daran, wenn Ihnen der Entwurf unzureichend vorkommt, sich bei der Lösungsfindung auf den Fokusbereich und die Sprint-Fragen zu konzentrieren.

- **Dokumentation:** Es bleibt auch in dieser Phase dabei: Dokumentieren Sie alle Arbeitsergebnisse. Insbesondere die Lösungsskizzen, die die Teilnehmer zum Ende dieser zweiten Phase erstellen, sind ein Schatz, den sie unter keinen Umständen verlieren dürfen. Betreiben Sie hier besonders sorgfältig die Sicherung.

Dienstag

Die Sprint-Übungen des zweiten Tages werden Ihnen und Ihrem Team deutlich leichter von der Hand gehen. Die Teilnehmer des Sprints sind bereits tief in die Materie eingetaucht, haben einander besser kennen- und schätzen gelernt und starten nicht mehr mit leeren Händen und weißen Wänden. Sie haben sich bereits einiges erarbeitet und können nun darauf aufbauen.

Überblick Phase 3: Entscheiden

Am zweiten Tag werden Sie die Phase 3 (Entscheiden) des Design Sprints durchleben. Es ist der Höhepunkt des Sprints. Hier laufen alle bisherigen Bemühungen auf die große Entscheidung zu. Genießen Sie es! Es macht riesigen Spaß und wird Ihrem Team viel Energie geben, aus der Fülle kreativer Vorschläge und unkonventioneller Ideen etwas Neues entstehen zu lassen.

1. VERSTEHEN   2. SKIZZIEREN   3. ENTSCHEIDEN   4. PROTOTYPING   5. ÜBERPRÜFEN

Sprint-Master-Stundenplan der Phase 3

09:00
Begrüßung

Kurzer Rückblick auf die Aktivitäten am Vortag und Vorstellung Phase 3, Präsentation der Skizzengalerie.

09:15
Skizzengalerie & Heatmap

Jedes Teammitglied betrachtet für sich die Skizzen, macht sich Notizen und markiert Ideen und Features, die es gut findet, mit einem Klebepunkt.

10:30 PAUSE

10:45
Speed Critique

Kurzbesprechung aller Lösungsskizzen und der hervorhebungswürdigen Ideen

11:30
Sprint-Fragen-Review: Annahmen und Hindernisse prüfen

Bitten Sie das Team, noch einmal im Hinblick auf die präsentierten Lösungen die Sprint-Fragen anzuschauen. Welche Annahmen setzen die Lösungsskizzen voraus, die ein Prototyp überprüfen muss, und welche Fragen sind offen geblieben, die der Sprint ebenfalls beantworten sollte? Fügen Sie wenn nötig ein bis zwei Fragen zu den Sprint-Fragen hinzu, die das Team auswählt.

11:45
Probeabstimmung Lösungsskizzen

Die Teammitglieder wählen ihre individuellen Favoriten unter den Lösungsskizzen aus.

12:05
Super Vote

Der Entscheider wählt eine Lösungsskizze sowie ein bis zwei weitere kleine Features aus, die in einem Prototyp umgesetzt werden sollen.

12:15 MITTAGESSEN

13:15

User Test Flow

Jedes Teammitglied arbeitet die sechs Prozessschritte heraus, die seiner Meinung nach essenziell für das Storyboard sind.

13:45

Storyboard

Der Bau des Prototyps muss nach einem Plan erfolgen, dem sogenannten Storyboard. Das Team entscheidet gemeinsam über die Schritte des Storyboards.

Parallel nur für den Sprint Master

Besorgung zusätzlicher Materialien

Sie als Sprint Master müssen sicherstellen, dass Ihr Team den Prototyp auch erstellen kann. Besorgen und ordern Sie alle zusätzlichen Materialien, die sich während der Erstellung des Storyboards als notwendig herausstellen.

14:45 PAUSE

15:00

Storyboard

Weiterarbeiten am Storyboard

16:30 PAUSE

16:45

Storyboard

Finalisierung des Storyboards

17:15

Retrospektive

Rückblick auf das bis hierhin im Sprint Erarbeitete

18:00 ENDE

Materialien

1 schwarzer Stift
pro Person

1 Block quadratische
Haftnotizen pro Person

1 Block rechteckige
Haftnotizen pro Person

kleine und große
Klebepunkte

1 Whiteboard

1 Packung bunte
Whiteboard-Stifte

1 Stoppuhr
(Time-Timer)

1 Kamera

Ziel und Arbeitsergebnisse

Entscheidung für den konkreten Bauplan eines Prototyps, der eine vielversprechende Idee ausarbeitet und mehrere Sprint-Fragen beantwortet

Skizzengalerie und Heatmap

Nach der Begrüßung der Teilnehmer und dem Rückblick erklären Sie den Teilnehmern, dass vor ihnen nun die Schätze des Sprints ausgebreitet an der Wand hängen und sie 75 Minuten Zeit haben, diese in Ruhe zu betrachten. Händigen Sie jedem Sprint-Teilnehmer einen Bogen kleine Klebepunkte aus, die er nach Herzenslust für alles vergeben kann, das ihm an den Skizzen gefällt. Die Teilnehmer müssen sich vorab nicht strategisch überlegen, wie viele Punkte sie wofür verteilen. Sinn des Klebens ist noch keine feste Entscheidung, sondern soll lediglich eine Tendenz sichtbar machen. Je mehr Klebepunkte sich an einer Skizze oder einem Teilbereich der Skizze befinden, desto mehr Aufmerksamkeit zieht dieser Bereich auf sich. Man nennt diese Art der Visualisierung der Menge an Zustimmung oder Begeisterung *Heatmap*. Wie immer können die Teilnehmer auch Klebepunkte für ihre eigenen Skizzen und auch mehr als einen Punkt für eine Skizze vergeben.

Bitten Sie die Teilnehmer außerdem, jede Skizze so genau zu studieren und zu verstehen, dass sie sie bei einem Pitch, also einem Wettbewerb um die beste Idee, einem Publikum vorstellen könnten. Jedes Teammitglied sollte in der Lage sein, jede Skizze den anderen auch im Detail erklären zu können. Bitten Sie Ihr Team außerdem für den Fall, dass etwas unverständlich ist oder Teilnehmer das Gefühl haben, eine essenzielle Information fehle, dies auf Haftnotizzetteln zu notieren und unter die jeweilige Skizze zu kleben. In der folgenden Übung werden Sie darauf zurückkommen. Nehmen Sie sich als Sprint Master parallel die Zeit und stellen Sie sicher, dass Sie alle Skizzen verstanden haben.

Unser Beispiel: »Schulküche Cookidadido«

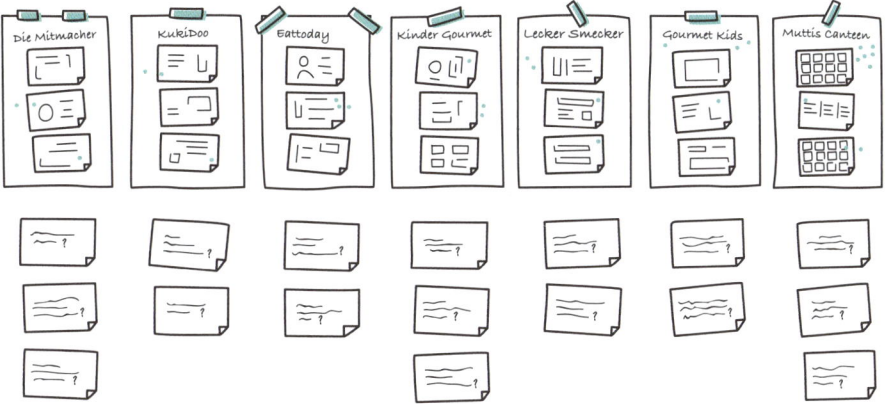

Die Lösungsskizzen, die Sie am Vortag im Sprint-Raum aufgehängt haben, tragen am Ende der Übung deutlich sichtbare Punktehaufen, an denen das Team schnell erkennt, welche Lösungen und Elemente zu den Favoriten gehören. Unter den Skizzen sind offene Fragen oder Verständnisschwierigkeiten auf Haftnotizzetteln festgehalten.

Zeit (Min)

75 für die individuelle Betrachtung der Lösungsskizzen und das Markieren von wertvollen, interessanten, inspirierenden oder guten Features und Ideen.

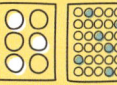 

Punkte

20–30 Punkte pro Teammitglied inkl. Entscheider (bei Bedarf auch mehr)

Abschluss

Alle Teilnehmer haben individuell alle Skizzen intensiv betrachtet. Durch die vergebenen Klebepunkte ist eine Heatmap entstanden. Offene Fragen sind auf Haftnotizzetteln unter den Skizzen vermerkt.

Speed Critique

Nach dem Erstellen der Heatmap haben Sie schon einen recht guten Überblick, in welche Richtung der Lösungsfindung das Team tendiert. Bevor Sie mit der nächsten Übung starten, bitten Sie ein Teammitglied, in der nun anstehenden Speed Critique die Rolle des Schreibers zu übernehmen. Dieser notiert kurz und knapp auf Haftnotizen die wichtigsten Schlagwörter, die während der Lösungsskizzenpräsentation genannt werden. In der Speed Critique geht es darum abzusichern, dass auch alle Teammitglieder alle Lösungen gleich verstanden haben und keine wirklich gute Lösungsidee verloren geht. Es sollen zudem alle Fragen beantwortet werden, die die Teilnehmer während der vorangegangenen Übung unter die Skizzen geklebt haben. Wir haben die besten Erfahrungen damit gemacht, dass sich die Teilnehmer die Skizzen gegenseitig vorstellen, sodass jedes Teammitglied nicht seine eigene, sondern die Skizze eines anderen Teilnehmers erklärt. Stellen Sie als Sprint Master die erste Skizze als Musterbeispiel vor, damit jedes Teammitglied weiß, wie es die drei Minuten zur Präsentation am besten nutzen kann. Wichtig sind die Einleitung, an welchem Punkt des Kundenerlebnisses die Lösungsskizze ansetzt, und die Erklärung, welche Schritte und Ideen dargestellt sind. Stellen Sie die Skizzenelemente heraus, die durch Klebepunkt-Vergabe als besonders interessant markiert wurden, und achten Sie darauf, dass der Schreiber passende Stichwörter – in der Regel ein bis fünf Stichwörter – auf Haftnotizzetteln protokolliert und über die Skizze heftet. Fragen Sie die Teilnehmer dann, ob Sie etwas Wichtiges übersehen haben, und bitten Sie im Anschluss den Ersteller der Skizze, sich zu erkennen zu geben, eventuelle Fragen zu beantworten und kurz zu ergänzen, sollte das Team etwas Wesentliches nicht gesehen oder verstanden haben. Am Ende der Speed-Critique-Erläuterungen finden Sie eine Lösungsskizze und deren mögliche Präsentation ausformuliert. Daran können Sie sich orientieren.

Bleiben Sie, auch wenn Sie die Uhr pro Skizzenpräsentation auf drei Minuten stellen, bei dieser Übung ein bisschen flexibler in der Handhabung der Zeit. Es gibt komplexe Skizzen mit hoher Detailtiefe, die mehr Zeit für die Betrachtung benötigen. Demgegenüber können Sie bei Skizzen Zeit sparen, die von keinem oder wenigen Teilnehmern mittels Klebepunkten beachtet wurden. Wenn die Skizze in der vorigen Heatmap-Übung nicht überzeugt hat, brauchen Sie dieser nun auch nicht übermäßig Zeit zu widmen. Denn Sie wollen ja keine Einzelkritik üben, sondern sich auf das Beste aller Beiträge konzentrieren.

Erinnern Sie die Teilnehmer daher auch noch einmal daran, bei der Präsentation objektiv zu bleiben und der Versuchung zu widerstehen, eine Wertung abzugeben. Sie werden sehen, dass es trotzdem nicht ausbleiben wird, dass Teilnehmer herausstellen, »was hier besonders gut gelungen ist...«. Unterbrechen Sie dann sofort, aber vorsichtig und erinnern an die Objektivität bei der Betrachtung und Vorstellung.

Erlauben Sie uns hier noch einen kleinen Exkurs zu der Frage, warum kein Teilnehmer seine eigene Skizze vorstellen darf, auch wenn es das komplizierteste Verfahren ist, da es eine hohe Einarbeitung von allen benötigt. Genau das bezwecken wir. Umso mehr sich jedes Teammitglied mit allen Skizzen beschäftigt, desto informierter und detaillierter begründbar kann jeder seine individuelle Entscheidung treffen. Und zwar nicht für die am einfachsten verständliche Lösung, sondern für die, die den Sprint-Fragen und der Herausforderung am besten gerecht wird. Es gibt Sprint Master, die jeden Sprint-Teilnehmer seine eigene Skizze erklären lassen. Deren Begründung hierfür lautet, dass ein Autor schließlich am besten durch das eigene Werk führen könne, man spart damit Zeit und stellt sicher, dass alle Teilnehmer detailreich informiert werden. Dies scheint auf den ersten Blick attraktiv, ist unserer Meinung nach aber zu kurz gedacht, denn durch diese scheinbaren Vorteile bringen Sie sich um einige andere wertvolle Erkenntnisse:

- Erstens kann man durch die Darstellung der Lösung durch einen Kollegen sehr gut erkennen, wie viel davon selbsterklärend ist, sich also auch einem potenziellen Nutzer intuitiv erschließt. Die Ideen müssen alleine bestehen, ohne eine kenntnisreiche Erklärung vor der Präsentation. So kann das Team schon möglichst früh testen, ob ein Kunde das Konzept verstehen wird oder aber einen Lotsen braucht, um sich zurechtzufinden.

- Zweitens würde man sich, so ist die menschliche Natur gemacht, als präsentierender Autor deutlich mehr mit der eigenen Skizze und deren gelungener Präsentation auseinandersetzen als mit den anderen Lösungsvorschlägen. Diese zu verstehen und zu bewerten ist aber essenzieller Bestandteil dieses Sprint-Schrittes. Teammitglieder werden um wichtige Inspirationsquellen und das Erkennen von Potenzialen gebracht.

- Drittens versucht Jeder Autor, automatisch Unzulänglichkeiten auszubalancieren und Features, die das Team eigentlich schon durch Nichtbeachtung aussortiert hat, noch einmal in Länge anzupreisen. Besonders bei eloquenten Präsentatoren würde das die Meinung des Teams zugunsten der Autorenskizze beeinflussen, ohne dass der Gehalt der Skizze selbst dazu etwas beigetragen hätte.

Wir raten Ihnen auch davon ab, alle Skizzen als Sprint Master selbst vorzustellen. Wir haben das in den ersten Sprints so gehandhabt und sind ganz schnell davon abgekommen. Auch hier möchten wir Ihnen die wesentlichen Beweggründe kurz erläutern:

- Erstens lehnen sich Ihre Sprint-Teammitglieder automatisch ein bisschen mehr zurück, wenn sie wissen, dass Sie als Sprint Master die ganze Arbeit machen werden und alle Skizzen nochmals im Detail vorstellen. Spätestens nach der zweiten Skizze lassen Spannung und Aufmerksamkeit nach, auf die Sie im Sprint dringend angewiesen sind.

- Zweitens haben wir gelernt, dass sich Teammitglieder deutlich sorgfältiger in die Skizzen einarbeiten und sich bemühen, diese bis ins Detail zu durchdringen, wenn sie eine fremde Skizze vorstellen müssen, aber noch nicht wissen, welche. Da wir niemanden quälen wollen, fragen wir unsere Teammitglieder natürlich, wer welche Skizze vorstellen möchte, die nicht seine eigene ist. In der Regel präsentiert so jedes Teammitglied eine andere Skizze und selten muss jemand eine Lösung vorstellen, mit der er oder sie nichts anfangen kann. Grundsätzlich arbeiten sich alle aber auf diese Art gründlicher in die anderen Skizzen ein.

- Drittens brauchen Sie als Sprint Master schon genug Energie, um den Prozess am Laufen und Ihr Team konzentriert und engagiert bei Laune zu halten. Das verlangt Ihnen viel ab. Es ist daher von großem Wert für Sie, wenn Sie Aufgaben wie diese Skizzenvorstellung an andere Teammitglieder abgeben und sich ein wenig Ruhe verschaffen können.

- Viertens muss das Team Ihnen schon den ganzen Sprint über folgen und Ihnen lauschen. Es ist durchaus eine willkommene Abwechslung für die Ohren und Augen der Sprint-Teilnehmer, eine andere Stimme zu hören und eine andere Präsentationsart zu sehen.

Unser Beispiel: »Schulküche Cookidadido«

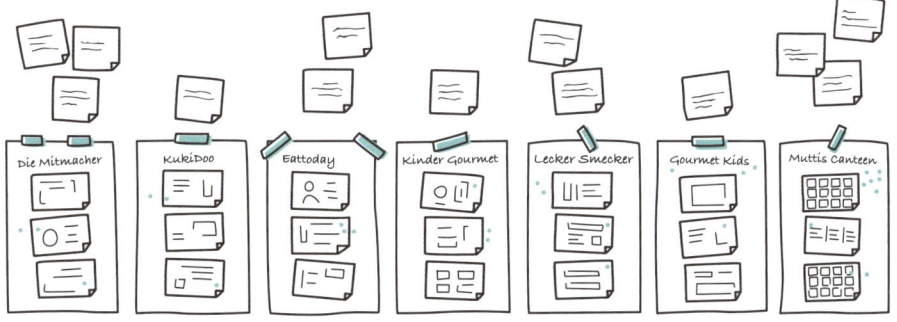

Die Mitmacher · KukiDoo · Eattoday · Kinder Gourmet · Lecker Smecker · Gourmet Kids · Muttis Canteen

Nach der Speed Critique sollten alle offenen Fragen beantwortet und die wichtigsten Elemente stichpunktartig über den Skizzen notiert worden sein.

Speed Critique

Zeit (Min)

3 Vorstellungszeit pro Skizze durch ein Teammitglied, das selbst nicht die Skizze erstellt hat.

3 pro Lösungsskizze für Rückfragen und Erklärungen

Abschluss

Ihr Team hat ein einheitliches Verständnis aller Lösungsskizzen, die Klebepunkte sind aussagekräftig verteilt und wichtige Elemente wurden auf Klebezetteln über den Skizzen festgehalten.

Vorstellung einer Lösungsskizze

Einleitung

Ich möchte euch kurz die Skizze mit dem Titel »Muttis Canteen« vorstellen. Der Autor hat sich den Bestellprozess und die Auswahlmöglichkeiten vorgenommen. Im ersten Bild befinden wir uns bereits in der Menüführung zur Auswahl.

Erklärung

Diese Lösung ermöglicht eine übersichtliche Essensauswahl. Die wiederkehrende einfache Symbolik und die Farbigkeit haben besonders die Kinder als Zielgruppe im Blick, sodass diese eventuell eigenständig ihre Auswahl treffen könnten. Der Autor bildet nicht das reale Essen ab, sondern versucht, das Verständnis der Buchenden über eine einfache Visualisierung der Hauptzutaten zu erreichen. Dabei bestehen drei Optionen: die Auswahl eines vorgegebenen Menüs, die selbstständige Zusammenstellung diverser Mahlzeitenbestandteile oder die Auswahl klassischer Lieblingsgerichte. Ein Tortendiagramm bietet einen Überblick, welchen Anteil am Gesamtessen die verschiedenen Zutatengruppen einnehmen. Die Auswahl erfolgt wochenweise.

Meinungsbild

Einige haben ihr Votum für die Symbolik vergeben und andere fanden die gesamte Übersichtlichkeit hilfreich. Einige votierten für die Kategorie »Lieblinge«. Der Schreiber hat als herausragende Ideen »simple Symbolik«, »Kategorie Eigenkreation«, »Darstellung Ausgewogenheit Essen« und »gesamte Woche auf einen Blick« notiert. Habe ich sonst eurer Meinung nach noch etwas Wichtiges vergessen herauszustellen?

Autor beantwortet Fragen und ergänzt Vorstellung

Ich bitte nun den Autor der Skizze, uns zu sagen, ob wir ein wesentliches Element seiner Lösung übersehen haben, und uns unsere offenen Fragen auf den Haftnotizzetteln zu beantworten.

Sprint-Fragen

Zusätzliche Sprint-Fragen

Nachdem alle Lösungsskizzen detailliert besprochen wurden, empfiehlt es sich kurz innezuhalten, und die Sprint-Fragen noch einmal anzuschauen. Sind zu den Annahmen und aufgezeigten Hindernissen aus der ersten Sprint-Phase im Laufe der Ideengenerierung und Lösungsskizzenerstellung weitere wichtige Aspekte hinzugekommen, die für den Prototypbau berücksichtigt werden müssen? Dann sollten diese im Sprint-Fragen-Review noch ergänzt werden.

Sprint-Fragen-Review: Annahmen und Hindernisse prüfen

An dieser Stelle des Sprints bitten wir unsere Teilnehmer stets noch einmal, die Sprint-Fragen anzuschauen, die sie am ersten Tag zu Beginn des Sprints formuliert haben. Mit dem Detailwissen, das nun alle haben, und den vielen Annahmen und Voraussetzungen, von denen jeder einzelnen Lösungsskizze einige zugrunde liegen, rücken andere Aspekte in den Fokus des Sprints, die zu dessen Beginn vielleicht noch nicht ersichtlich waren. Dies ist nicht immer der Fall, aber unserer Erfahrung nach sehr häufig. Daher bitten Sie Ihr Team nun kurz innezuhalten und mit den Informationen des Vormittags darüber nachzudenken, ob eine oder mehrere Sprint-Fragen ergänzt werden müssen. Geben Sie fünf Minuten Zeit, damit jedes Teammitglied ergänzende Sprint-Fragen aufschreiben kann. Nutzen Sie dann nochmals fünf Minuten, in denen das Team alle gesammelten zusätzlichen Fragen anschaut und clustert. Jedes Teammitglied erhält einen Punkt und votiert eine zusätzliche Sprint-Frage, der Entscheider wartet die Abstimmung des Teams ab. Im Anschluss wählt der Entscheider zwei Fragen aus, die zu den Anfangs-Sprint-Fragen hinzugefügt werden. Übernehmen Sie als Sprint Master im Anschluss zusätzlich alle Fragen, die der Entscheider zwar nicht ausgewählt hat, die aber zwei oder mehr Klebepunkte tragen.

Zeit (Min)

5 individuelle Formulierung möglicher weiterer Sprint-Fragen

5 gemeinsames Ansehen aller Zusatzfragen

5 Abstimmung und Auswahl weiterer wichtiger Sprint-Fragen

  Punkte

1 kleiner Punkt für jeden Teilnehmer, 2 große Punkte für den Entscheider

 **Abschluss**

Optionale Überarbeitung oder Ergänzung weiterer wichtiger Sprint-Fragen

Probeabstimmung Lösungsskizzen

Vor Ihnen und Ihrem Team hängt nun mit den Sprint-Fragen und den Lösungsskizzen eine Galerie von guten und sehr guten Ideen. Idealerweise haben Sie so viele, dass Sie an diesem Punkt schon wissen, dass Sie unmöglich alle in einen Prototyp übernehmen werden können. Ihr Team soll sich nun festlegen, welche Ideen die wertvollsten sind. Diese Übung heißt Probeabstimmung, weil sie zum letzten Mal das Team und sein Meinungsbild aufzeigt, bevor der Entscheider sein endgültiges Votum abgibt. In einer Diskussion wäre das Abwägen des Für und Wider für jede gute Idee sicher endlos, daher – Sie ahnen es – werden die Teammitglieder auch an dieser Stelle zusammen allein arbeiten. Sie sind jetzt schon geübt darin, dieses Grundprinzip der Sprint-Arbeit anzuwenden.

Jeder Teilnehmer hat eine Stimme, also einen Klebepunkt. Dieses Mal nehmen Sie die großen, denn das Team trifft eine der wichtigsten Entscheidungen im Sprint. Jeder notiert auf diesem Klebepunkt seine Initialen. Bestärken Sie die Teilnehmer darin, riskantere Ideen zu wählen. Oft haben diese das größere Potenzial und Sie bauen Ihren Prototyp, um genau das zu testen. Auf Nummer sicher braucht an dieser Stelle niemand zu gehen. Dann geben Sie den Teilnehmern zehn Minuten Zeit, um sich Gedanken zu machen und in Stichpunkten zu notieren, welche Lösungsskizze in ihrer Gesamtheit oder welches Element ihr individueller Favorit ist. Rufen Sie den Teilnehmern hierfür noch einmal die Herausforderung, das langfristige Ziel und die Sprint-Fragen ins Gedächtnis. Lesen Sie diese nochmals laut vor. Oft möchten sich Teilnehmer für eine tolle Lösungsskizze entscheiden, die aber aller Wahrscheinlichkeit nach nicht dazu taugt, die Sprint-Fragen zu beantworten und zum Erreichen des langfristigen Ziels beizutragen. Das passiert häufig, weil manche Ideen einfach wahnsinnig gut ausgearbeitet und attraktiv sind. Sie versprechen Spaß, wenn man sie als Prototyp umsetzen kann. Damit der Prototyp aber Antworten liefert, muss er zwangsläufig schon in der Konzeption sichtbar auf die Beantwortung der Sprint-Fragen und die Lösung der Herausforderung abzielen. Hier ist es Ihre Pflicht als Sprint Master, die Teilnehmer zum letzten Mal auf alles bereits Erarbeitete hinzuweisen und dafür zu sorgen, dass das Team dem Entscheider ein konstruktives Probeabstimmungs-Votum liefert. Nicht immer ist die ganze Lösungsskizze überzeugend, manchmal ist es nur ein Teilbereich. Ihre Sprint-Teilnehmer sind frei, sich für eine Gesamtlösung oder nur einen Teilbereich zu entscheiden. Wichtig ist, dass sie zu einhundert Prozent hinter dieser Idee stehen.

Sind die zehn Minuten um, bitten Sie alle Teilnehmer außer den Entscheider, gleichzeitig ihren Punkt auf die favorisierte Gesamtlösung oder das Lösungselement zu setzen. Im Anschluss geben Sie jedem Teilnehmer die Gelegenheit, seine Wahl basierend auf den eigenen Stichpunkten kurz zu erklären. Bitten Sie den Entscheider, sich zurückzuhalten und allen Erklärungen intensiv zuzuhören. Dem Entscheider gehört allein die nachfolgende Sprint-Übung: Super Vote.

 **Unser Beispiel: »Schulküche Cookidadido«**

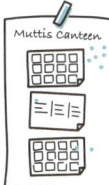

Ihre Skizzengalerie hat weitere große Punkte bekommen, die die Favoriten der Teammitglieder kennzeichnen.

Probeabstimmung

 Zeit (Min)

10 individuelle Betrachtung und Entscheidungsfindung

1 Entscheidung durch Aufkleben des Punktes alle gleichzeitig

1 pro Teammitglied zur Erläuterung der Entscheidung

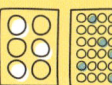 **Punkte**

1 großer Punkt mit den jeweiligen Initialen pro Teammitglied (außer Entscheider)

 **Abschluss**

Jeder Teilnehmer hat sich auf seinen Favoriten festgelegt und die Wahl erläutert.

Super Vote

Zu den größten Schwierigkeiten des Design Sprints gehört es, sich von guten Ideen zu verabschieden. Nicht zuletzt zielen die ersten beiden Phasen genau darauf ab: möglichst viele gute Ideen erzeugen. Die Gefahr zur Mitte des Sprints ist es jedoch, sich zu verzetteln und sich zu viel für den Prototyp vorzunehmen, sodass man an seinen eigenen Wünschen scheitert und am Ende durch Unfertigkeiten keine klaren Antworten auf die Sprint-Fragen bekommt. Doch wie verabschiedet man sich am besten von Ideen? Genau dafür haben wir den Entscheider im Team. Er hat nun die vielversprechendsten Ideen vor sich, die Notizen des Schreibers haben die Kernelemente herausgearbeitet und das Team hat mittels seines Votums eine tendenzielle Wertung erzeugt. Nun liegt es allein in den Händen des Entscheiders, die Ausrichtung des Prototyps festzulegen; so wie er schon das Hauptaugenmerk des gesamten Sprints mit der Auswahl der besten Formilierung für die Sprint-Herausforderung schon einmal eingegrenzt hat.

Geben Sie dem Entscheider drei große Klebepunkte. Malen Sie auf diese ein Symbol Ihrer Wahl: ein Sternchen, eine Krone oder ein Ausrufezeichen, sodass leicht erkennbar ist, dass es seine Auswahlpunkte sind. Oder Sie halten die Klebepunkte in einer anderen markanten Farbe bereit. Bitten Sie ihn, sich nun mit einem Punkt für eine Komplettlösung zu entscheiden, die das Team im Anschluss in einen Prototyp verwandeln wird. Sagen Sie ihm, dass er mit den anderen beiden Punkten die Gelegenheit erhält, ein oder zwei zusätzliche kleine Features aus anderen Lösungsskizzen in den Prototyp hineinzuwählen. Erinnern Sie ihn daran, dass dies auch inhaltlich kompatibel und machbar sein sollte. Es liegt in seiner Verantwortung, ob das Team die Aufgabe, die er nun vorgibt, auch wird lösen können.

Muss sich der Entscheider an die Ergebnisse der Probeabstimmung halten? Nein. Sie erinnern sich sicher an den eingangs beschriebenen Grundsatz: Autokratie vor Demokratie. Das Team hat dem Entscheider seine Favoriten und Argumente vorgestellt, aber das Risiko und die Verantwortung für alles, was nun gebaut wird, muss der Entscheider allein tragen und kann daher auch völlig unabhängig entscheiden. Essenziell ist, dass er seine Wahl im Anschluss dem Team begründet. In den meisten Fällen kann das Team dem Entscheider gut folgen, wenn dieser eine schlüssige Erklärung bereithält. Oft sind Entscheider risikofreudiger und entscheiden sich für Lösungen, an die sich das Team nicht heranwagen würde. Oder sie setzen den Fokus auf einen Teilausschnitt einer gesamten Lösung, den sie detailliert ausarbeiten und testen wollen, weil sie genau diesen für den Schlüssel zum Erfolg des ganzen Vorhabens halten.

Unser Beispiel: »Schulküche Cookidadido«

Die letzte große Punktevergabe im Sprint: Der Entscheider hat seine Favoritenlösungsskizze und zwei weitere Elemente, die dieser Idee im Prototyp hinzugefügt werden sollen, ausgewählt.

Zeit (Min)

5 individuelle Betrachtung der Lösungsskizzen und der Favoriten des Teams durch den Entscheider mit anschließender Auswahl

5 Erklärung der Auswahl seitens des Entscheiders

Punkte

3 große Punkte für den Entscheider, die mit einem Symbol versehen sind

Abschluss

Die größte Entscheidung des Sprints ist gefallen: Der Entscheider hat sich für eine Lösungsskizze und eventuell ein oder zwei kleine Features entschieden.

User Test Flow und Storyboard

Sie nähern sich dem Ende des zweiten Tages und der drit-ten Phase. Am morgigen Tag wollen Sie mit Ihrem Team den Prototyp bauen. Damit Sie dann schon wissen, wie und wo-mit Sie anfangen wollen, brauchen Sie so etwas wie einen Bauplan. Dieser heißt im Design Sprint *Storyboard*. Haben Sie in Ihrer Kindheit Comics gelesen? Dann sind Sie bestens vorbereitet! Mit reduzierten Mitteln entwickeln Sie Ihre Bil-dergeschichte, die den Ablauf wiedergibt, wie der Prototyp aufgebaut sein soll und wie die Testpersonen an den Proto-typ herangeführt werden. Sie können kleine Textelemente wie Sprech- oder Denkblasen in Ihre Bildergeschichte inte-grieren, einige Felder mit Nahansichten von Gegenständen füllen, aber sind durch den Rahmen der Bilder limitiert. Die ganze Geschichte ergibt sich erst aus der Abfolge der einzel-nen Bildkästen nacheinander.

Sie können sich sicher vorstellen, dass es kein leichtes Unterfangen ist, sich nun im Team auf eine Reihenfolge von Geschehnissen und konkreten Produkteigenschaften zu ei-nigen. Gerade bei digitalen Prototypen sind die Abfolge und das Design von Funktionen und Features so unendlich viel-fältig zusammensetzbar, dass Sie als Sprint Master kaum Möglichkeiten haben, offene Diskussionen zu Screen-Abfol-gen, Pop-up-Einblendungen oder Videoeinbindungen zeit-sparend zu moderieren. Kaum ein Teammitglied kann an dieser Stelle widerstehen, zusätzliche Ideen oder in der Vor-entscheidung aussortierte Lieblingsfeatures doch wieder in das Storyboard hineinzuhieven. Daher gibt es eine kurze Übung, die sich wie schon beim Note-&-Map-Vorgehen vor-schieben lässt. Sie heißt *User Test Flow*.

User Test Flow

Für den User Test Flow, was in etwa »Bewegung des Nutzers durch den Prototyptest« bedeutet, kommen wir wieder auf den Grundsatz des allein Zusammenarbeitens zurück und lassen die Teammitglieder zunächst individuell die Schritte des Storyboards erstellen, um dann über diese abzustimmen. Da das Storyboard nicht mehr als zehn bis 15 Schritte umfassen sollte, sind für den User Test Flow zunächst sieben Schritte vorgesehen, also eine erste Basisversion für den Prototypbauplan, die dann noch ein wenig ausgeschmückt werden kann. Unter einem Schritt versteht man eine spezifische Aktion des Nutzers. Bei physischen Prototypen ist es das Öffnen oder Schließen und Hebelbewegen, bei digitalen Produkten Herunterladen, Öffnen, Klicken etc.

Schreiben Sie als Sprint Master die Zahlen 1 bis 7 auf quadratische Klebezettel und die Buchstaben A bis zu dem Buchstaben, der der Anzahl der Teilnehmer Ihres Teams entspricht. Ordnen Sie diese Zahlen horizontal, die Buchstaben vertikal an. Dann bitten Sie die Teammitglieder, je sieben quadratische Klebezettel mit den sieben Schritten zu beschriften, von denen sie glauben, dass diese unbedingt zum Storyboard des anzufertigenden Prototyps gehören. Geben Sie den Teilnehmern zehn Minuten Zeit, ihre Zettel individuell zu beschriften.

Unser Beispiel: »Schulküche Cookidadido«

Besteller öffnet App	bekommt Auswertung Nährstoffe letzte Woche
bekommt Aufforderung Bewertung Gerichte letzte Woche	bekommt Menüübersicht der nächsten Wochen
Besteller wählt Woche aus	Besteller wählt Gerichte aus
Besteller bekommt Bestätigung	Auswahl eines vorgefertigen Menüs oder Selbstzusammenstellung

	1	2	3	4	5	6	
A							
B							
C							
D							
E							
F							
G							

So sieht Ihre Wand am Ende der User-Test-Flow-Übung aus, nachdem sich der Entscheider für einen Flow und einen weiteren Schritt entschieden hat, die die Grundlage des Storyboards bilden.

Im Anschluss erhält jedes Teammitglied eine Minute Zeit, seinen User Test Flow kurz vorzustellen und dabei die Schritte in das vorgegebene Schema zu kleben. Wenn alle Teammitglieder ihre Zettel verteilt haben, erhalten Sie optisch ein Raster. Bitten Sie nun die Teilnehmer kurz zu überlegen, welcher Flow ihnen am geeignetsten erscheint, um danach ein Storyboard erarbeiten zu können. Nach kurzer Bedenkzeit bitten Sie alle Teilnehmer mit Ausnahme des Entscheiders, einen kleinen Klebepunkt für ihren jeweiligen Favoriten auf den vor dem Flow stehenden Buchstaben zu kleben.

Sobald alle ihr Votum abgegeben haben, bitten Sie den Entscheider, sich für einen Flow und ein zusätzliches Feature, so er eines wünscht, zu entscheiden und beides mit seinen beiden größeren Entscheider-Klebepunkten zu markieren. Bitten Sie ihn außerdem, wie es inzwischen in Ihrem Sprint gute Praxis sein sollte, seine Entscheidung dem Team zu begründen. Sie haben somit die sieben- oder achtschrittige Grundlage Ihres Storyboards erarbeitet und können nun in die wohl diskussionslastigste Phase des Design Sprints starten: das Erstellen des Storyboards.

Unser Beispiel: »Schulküche Cookidadido«

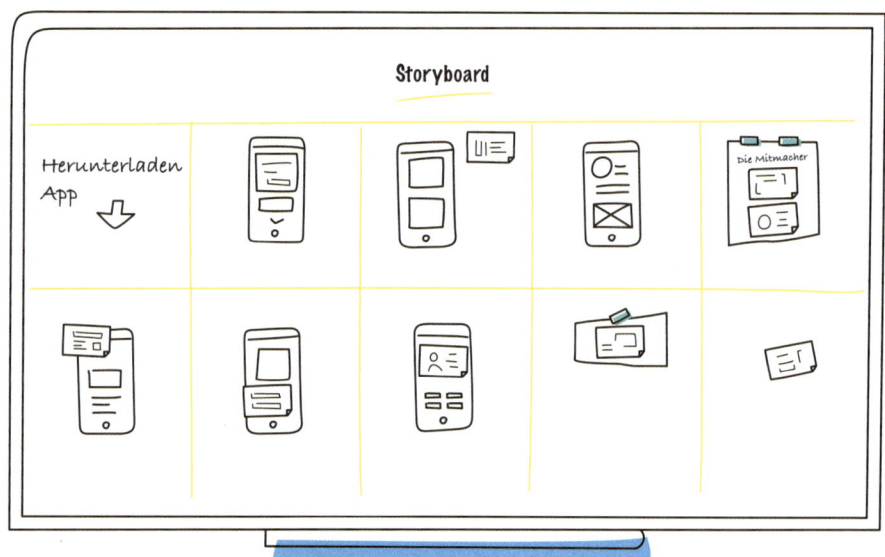

Das Storyboard für die Schulküche Cookidadido startet mit dem Herunterladen der App und geht von der Annahme aus, der Nutzer müsse sein Profil noch anlegen. Danach folgen zunächst die mögliche Bewertung des Essens der vergangenen Woche, gefolgt von der Essensauswahl für eine kommende Woche.

Storyboard

Zeichnen Sie als Sprint Master an ein Whiteboard oder eine Wand ein 15-Kästchen-Raster. Sie können auch gut das Malerkrepp nutzen, um schnell und einfach eine Unterteilung zu kleben. Lassen Sie die erste Fläche der 15 Kästchen frei und kleben Sie dann die sieben bis acht Klebezettel, die der Entscheider in der vorangegangenen Übung ausgewählt hat, in die folgenden in chronologischer Reihenfolge. Bitten Sie Ihr Team, zunächst einen Storyboard-Zeichner zu bestimmen, der mit den Whiteboard-Stiften die Ideen des Teams aufzeichnet. Weisen Sie darauf hin, dass das Team nicht alles neu erstellen muss, schließlich kann es auch Teile aus den Lösungsskizzen, in denen einige Elemente schon weitreichend ausgestaltet wurden, in das Storyboard integrieren.

Das Team muss sich nun in den potenziellen Nutzer und in die Interviewsituation am Folgetag hineinversetzen, in der dieser einen Prototyp zum Testen vorgestellt bekommen wird. Wie muss die Testsituation gestaltet sein, damit er sich sofort einfühlen kann? Würde er eher zu Hause oder im Büro sitzen? Wäre er allein oder eher in Begleitung? Wie gestalten Sie den Testraum, damit sich die Atmosphäre gleich auf den Nutzer überträgt? Dies sollte im ersten Kästchen als Eröffnungsszene skizziert werden, bevor der erste Schritt aus dem User Test Flow ausgearbeitet wird. Bitten Sie Ihr Team, sich zunächst der Eingangssituation zu widmen und dann den Endpunkt des Tests festzulegen. Was soll die letzte Handlung des Nutzers sein, wie stellt sich in diesem Moment der Prototyp dar?

Sie werden merken, dass das Team nun sehr engagiert bei der Sache ist, die Grundsätze des Sprints, die sie vorher praktiziert haben, an dieser Stelle aber nicht greifen. In der Regel werden sich nun viele Diskussionen ergeben und es wird ein intensiver Austausch und konfrontatives Abwägen von Prozessschritten erfolgen. Versuchen Sie als

Zeit (Min)

gemeinsames Ausgestalten des Storyboards

60 vor der Mittagspause

90 vor der Nachmittagspause

30 nach der Nachmittagspause

Abschluss

Sie haben ein vollständig und detailliert ausgearbeitetes Storyboard, nach dem am Folgetag der Prototyp erstellt werden kann.

Sprint Master, dem Team die ersten 20 Minuten störungsfrei zum Einfinden in die neue Gesprächssituation zu geben. Achten Sie dabei genau auf die Dynamik im Team und um welche Themen sich die Diskussionen drehen oder an welchen Punkten sich die Teammitglieder festbeißen. Nach dieser Zeit geben Sie dann den Hinweis, wie viel Zeit schon verflossen ist, und spiegeln Sie dem Team, wie und worum es bisher miteinander gerungen hat. Versuchen Sie wenn nötig, einzelne Punkte an den Entscheider weiterzugeben, damit dieser eine Entscheidung treffen kann, mit der erst einmal weitergearbeitet werden kann. Sie sollten bis zur ersten Pause während der Storyboard-Übung Klarheit über die Eingangssituation und das erste Aussehen des Prototyps und das Ziel haben, also die finale Interaktion des Nutzers mit dem Prototyp. Dann verschaffen Sie dem Team eine kleine Pause und führen Sie es im Anschluss an die Ausarbeitung der Klebezettelschritte aus dem User Test Flow und möglicher nötiger Ergänzungen heran. Vor der nächsten Pause, also nach insgesamt zweieinhalb Stunden, sollte alles definiert sein. Dann kann sich Ihr Team in der letzten halben Stunde der Storyboard-Übung noch einmal in den Nutzer und die Interviewsituation hineindenken und letzte Anpassungen für ein natürlich fließendes, zusammenhängendes Testerlebnis vornehmen.

Materalien für den Folgetag besorgen

Während der drei Stunden, in denen Ihr Team das Story-board erstellt, werden Sie als Sprint Master erkennen, auf welche Art Prototyp es hinausläuft und ob Sie zusätzliche Materialien besorgen müssen. Je nachdem, ob es sich um eine Papierversion, einen 3D-Druck oder eine digitale Applikation handelt, müssen Sie eventuell weitere Materialien oder Geräte beschaffen. Da Ihr Team während der Story-board-Erstellung nicht ununterbrochen auf Ihre Hilfe angewiesen ist, können Sie sich jetzt die Zeit nehmen, um zusätzliche Materialien zu organisieren.

Retrospektive

Sie haben das Ende des zweiten Tages und der dritten Phase erreicht. Am morgigen Tag nähern Sie sich mit großen Schritten dem Ende des Design Sprints. Für uns hat sich bewährt, sich an dieser Stelle Zeit für eine Retrospektive zu nehmen. Das heißt, Sie halten einen Moment inne und blicken zurück auf die vergangenen zwei Tage. Was haben die einzelnen Teilnehmer für sich gelernt? Was hat sie beeindruckt, überrascht oder auch enttäuscht? Schauen Sie gemeinsam mit dem Team zurück und bewerten Sie, was gut und was verbesserungswürdig gelaufen ist. Analysieren Sie, was die Ursachen dafür waren und ob man noch für diesen Sprint und die weiteren beiden Tage etwas verbessern kann. Halten Sie die Erkenntnisse auf einer separaten Wand auf Haftnotizzetteln fest. Sparen Sie als Sprint Master nicht mit Lob für Ihr Team und dessen Leistung und nutzen Sie die Chance, das Team an dieser Stelle noch einmal zu motivieren und für die bevorstehenden Aufgaben zusammenzuschweißen. Sollten Sie das Gefühl haben, dass sich bis hierhin Unmut oder Blockaden im Team aufgestaut haben, können Sie diese nun noch rechtzeitig aus dem Weg räumen, indem Sie Themen offen ansprechen. Schauen Sie auch noch einmal in Ruhe auf den Fragenparkplatz, ob dort noch etwas unbeantwortet geblieben ist, das Sie nun erläutern können. Alle sollten gelöst und motiviert aus der Retrospektive herausgehen und gestärkt in die vierte Phase des Sprints am Folgetag starten.

- **Rumble:** An verschiedenen Stellen in der Literatur ist immer wieder die Rede vom *Rumble*, in dem zwei verschiedene Lösungen in je einen Prototyp umgesetzt und dann konkurrierend den Testkunden am letzten Tag vorgeführt werden. Unser Tipp an Sie als Sprint Master: Versuchen Sie solch ein Szenario zu vermeiden, solange Sie noch keine Erfahrung als Sprint Master haben. Wir haben viele Entscheider erlebt, die genau so ein Rumble wünschen. Denn so holen sie vermeintlich das Maximum aus der Sprint-Zeit heraus: nicht ein, sondern gleich zwei getestete Prototypen. In der Praxis läuft es jedoch stets auf das Gleiche hinaus: Sie kreieren die doppelte Arbeit, die für den Sprint vorgesehen ist, die somit von je der Hälfte des Teams umgesetzt werden muss. Dabei lassen Sie sich plötzlich auf eine Konkurrenzsituation ein, die Sie die ganze Woche mit aller Kraft vermeiden wollten. Und glauben Sie nicht, dass sich magischerweise die Hälfte des Teams für die eine und die andere Hälfte für die zweite Idee erwärmen lässt und begeistert daran arbeiten will. Eine Mehrzahl möchte an einer favorisierten Lösung arbeiten. Wenn dann Teammitglieder der weniger attraktiven Lösung zugeordnet werden, sinkt deren Motivation in den Keller. Der kleine Teil des Teams, der die Minderheitenlösung befürwortet, schaltet auf »Jetzt-erst-recht«-Modus um, ist überengagiert und lässt sich gar nichts mehr sagen. So effektiv wie ein Rumble zweier Ideen auf den ersten Blick erscheint, so herausfordernd ist er in der Praxis. Hinzu kommt, dass nicht mehr alle guten Ideen in Ihren einen Prototyp fließen, sondern die bis dahin gebündelten Kräfte Ihres Teams aufgeteilt werden. Das ist meist nicht der Lösung zuträglich. Sie können es natürlich trotzdem versuchen, wenn Sie denken, es ist den Aufwand wert und Sie können das Team anleiten. Vielleicht stehen Sie auch genau vor der Situation, dass Ihr Team gespalten ist und sich auch der Entscheider nicht entscheiden kann. Dann können Sie vielleicht durch zwei konkurrierende Lösungsansätze extra Energien freisetzen und die von uns vorgetragenen Bedenken ins Gegenteil verkehren. Wägen Sie aber bitte gründlich ab, damit Ihnen der Sprint nicht außer Kontrolle gerät und Sie am Ende Enttäuschungen erleben.

- **Diskussionsbedarf:** Während der Entscheidungsphase werden die Interaktionen und Diskussionen im Team zunehmen und konfrontativer werden. Das ist in Ordnung so und bedarf selten Ihres Eingreifens. Achten Sie als Sprint Master aber darauf, dass zum einen nicht die Zeitvorgaben ins Wanken geraten und dass stets die Idee losgelöst vom Autor betrachtet wird. In Momenten, in denen das Team anfängt, sich im Kreis zu drehen, bitten Sie den Entscheider, eine Auswahl zu treffen und dem Team die offensichtlich nötige Richtungsentscheidung zu geben.

- **Neue Ideen:** Wir haben bisher kaum einen Sprint erlebt, in dem nicht spätestens während des Storyboard-Erstellens neue Ideen gefunden wurden und ergänzt werden sollten. Achten Sie darauf, dass aus kleinen Ergänzungen nicht plötzlich völlig neue Lösungsansätze werden, die weder besprochen noch ausgereift ausformuliert noch bewertet wurden. Stoppen Sie als Sprint Master solche Gedankengänge, indem Sie diese Ideen auf den Fragenparkplatz schieben und dem Team als Ressource nach diesem Sprint zur Verfügung stellen. Erinnern Sie das Team an die Auswahl des Entscheiders und seine Vorgaben, an denen entlang nun ein Prototyp gebaut werden soll, der die Ideen umsetzt und die meisten Sprint-Fragen beantwortet. Zusätzliche Ideen müssen auf die Zeit nach dem Sprint verschoben werden, da Sie sich sonst verrennen und zu keinem aussagekräftigen Ergebnis kommen. Nehmen Sie diese zusätzlichen Ideen unbedingt in Ihre Abschlussdokumentation auf.

- **Da geht noch mehr:** Bereiten Sie sich darauf vor, dass Entscheider plötzlich die unglaublichen Chancen der Ideensammlung erkennen und mehr wollen, als man am nächsten Tag realistischerweise ausarbeiten kann. Sie sind dann als Prozessverantwortlicher auch Schutzpatron des Teams und stellen sicher, dass der Sprint nicht aus dem Ruder läuft. Bitten Sie den Entscheider sich zu überlegen, was er prioritär mit den zur Verfügung stehenden Mitteln testen möchte, und das Team nicht zu überfordern. Design Sprints sind keine abgeschlossenen Projekte, sondern eben nur ein Teilschritt auf dem Weg zu etwas Neuem. Daher kann nicht alles mit einem Mal getestet werden. Das muss auch Ihr Entscheider bei aller euphorischer Versuchung verstehen.

Mittwoch

Am dritten Tag werden Sie die Phase 4 des Design Sprints durchleben: Ihr Team erstellt am heutigen Tag auf Basis der gestrigen Entscheidung den Prototyp. Sie nähern sich schon mit großen Schritten dem Sprint-Ziel des letzten Tages, an dem sie ihren Prototyp mit realen Nutzern testen werden. Bis dahin müssen sie nun ein Konstrukt bauen, das in der Lage ist, ihre Sprint-Fragen zu beantworten und den potenziellen Nutzer an das von Ihrem Team gesteckte Ziel zu bringen.

Überblick Phase 4: Prototyping

Ein Prototyp ist wie eine Kulisse im Film: Als Zuschauer muss ich der Illusion erliegen, es ginge wirklich um die große Liebe oder um Leben und Tod oder weniger existenziell um die nächste Produktbestellung oder das Wohlfühlen im Wartebereich der Praxis. Die Idee, die Sie mit Ihrem Sprint-Team

ausgearbeitet haben, muss mithilfe des Prototyps greifbar werden, ein Gesicht bekommen. Die intuitive Nutzung steht dabei über designter Schönheit. Es geht darum, Schlüsselelemente in ihrer Wirkung zu testen und die Sprint-Fragen zu beantworten. Es geht nicht darum, ein halbfertiges Endprodukt auszutesten. Machen Sie Ihrem Team immer wieder klar, dass das, was sie bauen werden, ein Wegwerfprodukt ist. Kulissen werden abgebaut, dort soll niemand einziehen. Wenn der Prototyp seinen Zweck erfüllt hat, wird er entsorgt und nicht als Liebhaberstück in eine Vitrine gestellt. Außerdem kann Ihr Team so objektiver mit den Ergebnissen umgehen. Ist ein Team schon ganz verliebt in die eigene Lösung, wird es dazu neigen, Kritik nicht anzunehmen, sondern das eigene Produkt dagegen zu verteidigen. Sie vergeben so wertvolle Chancen, zu lernen und wirklich innovative Ergebnisse zu erzielen.

 1. VERSTEHEN  2. SKIZZIEREN  3. ENTSCHEIDEN  4. PROTOTYPING  5. ÜBERPRÜFEN

Sprint-Master-Stundenplan der Phase 4

09:00

Begrüßung

Rückblick auf die Entscheidung am Vortag und Vorstellung Phase 4

09:15

Art des Prototyps

Kurzbesprechung der Art des Prototyps und der zur Verwendung geplanten Werkzeuge

09:20

Rollenverteilung

Erklärung und Verteilung der Teammitglieder auf vier Arbeitsbereiche: Macher, Requisiteur, Stitcher, Interviewer

09:30

Prototyp bauen

Das Team beginnt mit dem Bau des Prototyps.

10:30 PAUSE

10:45

Prototyp bauen

Der Prototyp beginnt Form anzunehmen. Die ersten Teile werden vom Stitcher zusammengefügt.

12:15 MITTAGESSEN

13:15

Prototyp bauen

Der Prototyp muss so weit fertiggestellt werden, dass ein erster Probelauf erfolgen kann.

Parallel nur für den Sprint Master

Vorbereitung der technischen Übertragung

Sie als Sprint Master müssen sicherstellen, dass die technische Übertragung zwischen dem Raum, in dem die Interviews stattfinden, und dem zweiten Raum, in dem das Team die Tests verfolgt, funktioniert.

14:45 PAUSE

15:00

Probelauf A

Der Prototyp wird gemäß dem Storyboard einmal im Ganzen getestet. Der Interviewer kann ausprobieren, ob sich das Skript wie konzipiert anwenden lässt.

15:15

Prototyp bauen

Mit den Erkenntnissen aus dem Probelauf A werden Korrekturen am Prototyp vorgenommen. Am Ende dieses Schrittes soll der Prototyp fertiggestellt sein.

16:45 PAUSE

17:00

Probelauf B

Die Generalprobe, ob und wie der Prototyp funktioniert und am nächsten Tag den Testkandidaten vorgeführt wird.

17:15

Abschlussarbeiten

Die letzten Korrekturen am Prototypen werden durchgeführt. Der Sprint Master richtet die Räume für den Folgetag her und überprüft ein letztes Mal die Technik.

18:00 ENDE

18:30

Gemeinsame Feier

Das Team feiert gemeinsam und stößt auf die geleistete Arbeit an. Die Arbeit ist erst einmal geschafft. Am Folgetag erhält das Team Antworten auf seine Fragen und Überlegungen.

 **Materialien**

Unterschiedliche Arten des Prototyps und was Sie jeweils dafür benötigen

Digitale Anwendungen

Bildschirmansichten für Webseiten, Apps oder andere Software simulieren Sie ganz einfach mit Keynote, PowerPoint oder mit einer Prototyping-Applikation. In unseren Sprints haben wir unten stehende Anwendungen schon erfolgreich eingesetzt. Richten Sie sich bei der Auswahl nach dem Know-how der Teammitglieder:

- Sketch (*www.sketchapp.com*)
- Marvel (*www.marvelapp.com*)
- InVision (*www.invisionapp.com*)
- Bubble (*www.bubble.is*)
- Figma (*www.figma.com*)
- WebFlow (*www.webflow.com*)
- RapidUi (*www.rapidui.io*)
- Axure (*www.axure.com*)
- Flinto (*www.flinto.com*)
- JustInMind (*www.justinmind.com*)
- AdobeXD (*www.adobe.com*)

Papiererzeugnisse

Wenn Sie ein Papiererzeugnis planen, also textintensive Vorlagen wie Flyer, Broschüren, Handbücher, Krankenhausakten oder Gebrauchsanweisungen, nutzen Sie am besten Keynote oder PowerPoint, Adobe Illustrator oder Indesign. Microsoft Word bietet meistens nicht genug grafische Elemente, um den vollen Mehrwert einer finalen Broschüre zu bieten.

Menschliche Dienstleistungen

Bei Dienstleistungen, die ein Mitarbeiter für einen Kunden oder ein Experte für einen Hilfesuchenden erbringen soll, müssen Sie ein Drehbuch erstellen. Hier kommt es nicht so sehr auf das richtige Werkzeug zur Erstellung der Handlungsanweisungen der Darsteller an, sondern auf Requisiten und Regieanweisungen. Versetzen Sie Ihr Team in die Rolle der Regisseure und Requisiteure, die alles für eine reibungslose Theateraufführung zusammenstellen und die Schauspieler gekonnt anweisen müssen.

Physische Orte

Für die Gestaltung eines physischen Ortes benötigen Sie zunächst einen zusätzlichen Raum, den Sie dann nach Ihren Vorstellungen umgestalten. Auch hier werden Sie einigen Aufwand haben, alle Requisiten zusammenzustellen. Möbel, die Sie so nicht haben, simulieren Sie am besten mit großen, von Ihnen gestalteten Pappschachteln oder Papiermöbeln.

Haptische Produkte

Je nach Größe und Umfang des Gegenstandes haben Sie drei Möglichkeiten: Erstens: Sie besorgen sich alle möglichen Materialien wie Holz, Stein, Papier, Knete, Bauschaum, Klebstoff, Stoffe, Fliesen usw. und leisten eine umfassende Bastelarbeit. Die Schwierigkeit hierbei ist, dass der Prototyp vom Nutzer benutzt werden soll. Hier realistische Ergebnisse zu erzielen, ist sehr schwer. Das funktioniert aber bei einigen kleinen Produkten sehr gut, wie bei Spielzeugen, die Sie dann mit Kindern testen. Zweitens: Sie besorgen einen 3D-Drucker und das nötige Material sowie die dazugehörige Software und drucken den Protoyp aus. Dies geht deutlich schneller als Variante 1 und kann Vorteile für die Integration von Funktionen bieten. Drittens: Sie fertigen nicht das Produkt, sondern eine Werbebroschüre darüber an. Das heißt, Sie können über Bilder und Text alle möglichen Funktionen darstellen, die Ihr potenzieller Nutzer am letzten Sprint-Tag durch Blättern in der Broschüre kennenlernen und bewerten kann. Ihnen geht dabei zwar die Interaktion mit dem Produkt verloren, für komplexe Maschinen und deren innovative Funktionen haben Sie allerdings meist keine andere Möglichkeit. In unseren Sprints versuchen wir mit unseren Teams bei haptischen Gegenständen meist die Varianten zwei und drei zu kombinieren. Wir fertigen einen Prototyp, der bestimmte Eigenschaften aufweist, die wir dem Kunden als Basisversion vorstellen. Alle zusätzlichen Funktionen bieten wir ihm in einem Katalog an und fragen ihn, welche er zu welchem Preis hinzukaufen würde und was seine Motivation dabei ist.

Ziel und Arbeitsergebnisse

- Erstellen eines funktionierenden Prototyps, der intuitiv von einem potenziellen Nutzer bedient werden kann

- Integration aller wesentlichen Lösungsideen in den Prototyp, für die der Entscheider in den vorangegangenen Phasen votiert hat

- Der Prototyp ist geeignet, Antworten auf mehrere Sprint-Fragen zu liefern

Art des Prototyps

Prototypen können alles sein. Es gibt nahezu keine Beschränkungen. Wir haben schon Rollenspiele für Handelsvertreter ausgearbeitet, ein Spielzeugfahrzeug mit Teilen aus dem 3D-Drucker gefertigt und einen Büroraum zum Wohnzimmer umgestaltet, haben Eingangsflure mit Pappmöbeln ausgestattet und mit ineinander verlinkten PowerPoint-Folien eine komplette App simuliert. Je fantasievoller Sie und Ihr Team an die Aufgabe herangehen, desto realistischer wird Ihr Prototyp für den Nutzer erscheinen. Der Prototyp sollte in jedem Fall etwas Haptisches haben, damit Sie die echte Nutzung und Interaktion des Users testen können und so wenig Abstraktion wie irgend möglich von ihm verlangen. Außerdem ist es wichtig, die Erlebniswelt der Nutzer abzubilden sowie dabei gewohnte und implizit erwartete Gegebenheiten zu berücksichtigen, die der Prototyp abbilden muss. Das trifft insbesondere auf die Sprache zu: Wenn ein Prototyp oder der Interviewer bei der Präsentation Begrifflichkeiten verwendet, die nicht der Lebens- und Sprachwelt des Nutzers entsprechen, wird dieser sofort mit Befremden reagieren und den Prototyp weniger unvoreingenommen bedienen. Er bekommt nicht das Gefühl, das Produkt oder die Situation sei für ihn gemacht, und damit haben Sie schon viel Potenzial verspielt. Achten Sie also als Sprint Master darauf, dass das Team während der Prototyping-Phase seine potenziellen Nutzer fest im Blick behält.

Rollenverteilung

Sie können das meiste aus Ihrem Team herausholen, indem Sie helfen, die unterschiedlichen Expertisen und Möglichkeiten gut auf die anstehenden Arbeiten zu verteilen. Je besser Sie als Sprint Master das Team auf die verschiedenen Arbeitsabläufe einstellen und Ihr Team die Zuständigkeiten definiert, desto schneller und nervenschonender wird es am Ende des Tages den Prototyp erstellt haben. Außerdem verhelfen Sie jedem einzelnen Teammitglied zu großer innerer Befriedigung und einer enorm hohen Identifikation mit dem Prototyp, wenn es über seine sehr spezifische Aufgabe zum Gelingen des Ganzen beigetragen hat.

In älteren Sprint-Dokumentationen wurden die Teammitglieder auf fünf verschiedene Rollen verteilt: die Macher, also diejenigen, die mit den jeweiligen Werkzeugen den Prototyp erstellen, der Zusammensetzer, der für das Einsammeln der Zuarbeiten und deren Kombination zu einem zusammenhängenden Ganzen verantwortlich ist, der Schreiber, der alle Textelemente liefern soll, der Requisiteur, der für die Fotos, Icons oder Grafiken zuständig ist und den Machern zuarbeitet, sowie der oder die Interviewer, die den Folgetag vorplanen und die Nutzerbefragung durchführen. Wir haben mit dieser Aufteilung immer wieder Schwierigkeiten bekommen, weil einzelne Teilnehmer sich nicht genug eingebunden und ausgelastet sahen. Daher haben wir die alte Einteilung auf vier Rollen reduziert, die von der ersten Sekunde an Aufgaben wahrnehmen können und im Wesentlichen auf Machen, Zuarbeiten, Interviewen und Managen fokussieren.

Prototyperstellung: die Macher

Macher sind diejenigen im Team, die die eigentliche Lösung erstellen. Designer, Entwickler oder Ingenieure sind prädestiniert für diese Aufgabe. Da die meisten unserer Sprints digitale Prototypen hervorbringen, arbeiten wir in der Regel mit zwei bis drei UX-Designern und einem Entwickler als Macher und teilen unter ihnen verschiedene Abschnitte des Storyboards auf. Macher sollten sich mit dem Tool auskennen, das sich das Team für den Sprint ausgewählt hat. Wir erinnern noch einmal: Nur weil Profis am Werk sind, soll trotzdem kein halbfertiges Produkt, sondern nur ein Prototyp entstehen. Wenn Sie mit PowerPoint oder Keynote arbeiten, kommt Ihr Sprint-Team nicht in die Verlegenheit, mehr als nur eine bedienbare Fassade zu erstellen. Also wägen Sie ab, wie viel professionelles Arbeiten Ihr Team in die Erstellung der Lösung investiert, um das Ziel Prototyp zu erreichen.

Passgenaue Zuarbeit von Prototypelementen: die Requisiteure

Während die Macher das große Ganze erstellen, benötigen sie verschiedene große und kleine Extras, die sie nicht selbst beschaffen können, um nicht immer wieder aus der Arbeit herausgerissen zu werden. Daher braucht das Prototyping-Team zwei oder mehrere Requisiteure, die Bilder, Icons, Texte, Möbel, Baustoffe oder Pflanzen selbst erstellen oder besorgen und den Machern in den erforderlichen Formen und Formaten liefern. Von unabdingbaren Grundelementen des Prototyps bis zu ausschmückender Dekoration ist die ganze Bandbreite abzudecken. Marketingaffine und schreibfreudige Teammitglieder nehmen diese Aufgabe meist enthusiastisch an. Je fantasievoller die Requisiteure arbeiten, desto realistischer ist am Ende die Kulisse, die der Prototyp aufbaut.

Konsistentes Nutzererlebnis: der Stitcher

Der Stitcher, also in etwa Zusammenhefter oder -näher, ist so etwas wie der Projektmanager, der alle Teammitglieder koordiniert und deren Erzeugnisse in ein einziges großes Bild zusammensetzt. Er sorgt dafür, dass die richtigen Informationen und Materialien zu den Machern gelangen und trotz aller zusammenzufügenden Puzzleteile der verschiedenen Akteure eine konsistente Geschichte erzählen. Er priorisiert die Aufgaben sowie die Auslieferung der zum jeweiligen Zeitpunkt benötigten Zuarbeiten und kümmert sich um ein effektives und effizientes Arbeiten aller Teammitglieder. Sprint-Teilnehmer, die Erfahrungen als Scrum Master oder Projektmanager haben, sind für die Rolle des Stitcher besonders geeignet.

Vorbereitung und Durchführung der Nutzertests: der Interviewer

Eine Rolle, die Sie in dieser vierten Phase besetzen müssen, die sich aber an der eigentlichen Prototyperstellung gar nicht beteiligt, ist die des Interviewers. Dieser hat zur Aufgabe, die Nutzer am Folgetag beim Testen der Lösung zu begleiten. Er muss sich hierfür einen Interviewleitfaden zurechtlegen: Empfang der Kandidaten, Einstimmung in die Situation, Moderation der Prototypnutzung und nachfragen, nachfragen, nachfragen. Der Interviewer ist kurz gesagt Empfangsmitarbeiter, Wohlfühlcoach und Investigativbefrager in einem. Dafür benötigt es eine ausgeglichene Persönlichkeit, die interessierte Neugier und völlig entspannte Ruhe gleichzeitig vermitteln kann. Die Nutzer müssen dem Interviewer vertrauen und er darf selbst nicht die Nervosität in Person sein, wenn er den Prototyp vorstellt. Das würde sich unweigerlich

auf die Tester übertragen und wenig zu gelungenen Interviews beitragen.

Eine weitere Schwierigkeit besteht für den Interviewer darin, genügend Anleitung zu geben, damit sich die potenziellen Nutzer schnell und stressfrei in die Testsituation hineinbegeben können, auf der anderen Seite aber so zurückhaltend zu sein, dass der Nutzer in seiner intuitiven Handlungsabsicht nicht gestört oder beeinflusst wird. Schlussendlich ist es die Aufgabe des Interviewers, dafür zu sorgen, dass die Sprint-Fragen während des Nutzertests beantwortet und viele Erkenntnisse für diesen Sprint und für mögliche weitere Iterationen gewonnen werden. Weitere Tipps zu den Interviews geben wir Ihnen im entsprechenden Kapitel am letzten Tag des Sprints.

Prototyp bauen

Nachdem Sie alle Rollen verteilt haben, können Sie und Ihr Team mit dem Bau des Prototyps beginnen. So es Ihr Storyboard erlaubt, haben wir gute Erfahrungen damit gemacht, dieses in sinnvolle Abschnitte zu unterteilen, die jeweils durch einen Macher umgesetzt werden. Die Requisiteure können zunächst mit der Gestaltung der realistischen Eröffnungsszene und des Interviewraumes beginnen, denn mit diesem Ersteindruck schaffen Sie die überzeugende Basis für alles andere, das folgt. Im Anschluss sind die Macher sicher in ihrer Arbeit weiter vorangeschritten und benötigen die Zuarbeit der Requisiteure. Erstellen Sie für digitale Prototypen unbedingt einen gemeinsamen Ordner, auf den alle zugreifen können, und helfen Sie dem Team, sich innerhalb dieses Projektarchivs auf eine Beschriftungsart zu einigen, mit der alles leicht zuorden- und auffindbar ist. In den ersten Sprints haben wir versucht, die Zuarbeiten über E-Mail-Versand zu erledigen und sind ganz schnell davon abgekommen. Sie wissen nachher vor lauter E-Mail-Verläufen und hunderten Fragen, wer wann was an wen geschickt hat, keine Ordnung mehr in Ihr Puzzle zu bringen.

Der Stitcher beginnt sich zum großen zusammenhängenden Ganzen seine Gedanken zu machen. Wer sind die handelnden Personen in der Eröffnungsszene? Welche Namen, Daten, Uhrzeiten erscheinen im Raum, in Dokumenten oder in der Applikation und wie müssen diese im Laufe der Testsituation angepasst werden? Wie sollen in digitalen Erzeugnissen Farbigkeit und Schriften gestaltet sein? In welchem Browser soll die Applikation durchgehend simuliert werden? Welche Begleitdokumente müssen erstellt werden, um ein Erlebnis realistischer erscheinen zu lassen? Alle Zuarbeiten der Macher müssen nahtlos miteinander zu einem harmonischen Ganzen verbunden werden. Der Stitcher muss seine Überlegungen fortlaufend mit den Machern und den Requisiteuren teilen, um möglichst schon in der Entstehungsphase des Prototyps konsistente Zuarbeiten zu erreichen und nicht am Ende vor einem riesigen Synchronisierungsaufwand verzweifeln zu müssen. Für diese komplexe Aufgabe bietet es sich an, mit irgendeiner Matrix zu arbeiten, die als Gedankenstütze und Darstellung des Projektstatus fungiert. Wir lieben dafür einfach gehaltene Kanban-Boards. Eine schematische Darstellung unserem Schulküchenbeispiel entsprechend finden Sie auf der Folgeseite. Diese Kanban-Boards helfen Ihrem Stitcher und auch dem gesamten Team, stets den Überblick zu behalten. Wenn er selbst diese Technik nicht kennt, dann nutzen Sie unseren Vorschlag und helfen Sie ihm auf die Sprünge: Malen Sie eine vierspaltige Tabelle, in der ganz links alle Aufgaben auf Haftzetteln eingeordnet werden, die der Stitcher oder das Team identifiziert haben, derer es zur Erstellung des Prototyps bedarf. Sie können auch verschiedenfarbige Zettel verwenden, wenn Sie herausheben wollen, für wen die Aufgabe vordergründig bestimmt ist; z. B. Gelb für die Macheraufgaben, Grün für die Requisiteure, Blau für die Interviewer usw. Dann zeichnen Sie weitere drei Spalten: »in Bearbeitung«, »fertiggestellt« und »in Prototyp eingefügt«. Jeder einzelne Zettel wird dann von demjenigen, der ihn bearbeitet, zunächst in die folgende Spalte »in Bearbeitung« umgehängt, sobald er sich der Aufgabe widmet. Wenn Sie mehrere Personen haben, die z. B. Macheraufgaben wählen, kann der Bearbeiter zusätzlich seinen Namen auf dem Zettel vermerken. Hat er die Aufgabe abgeschlossen, hängt er sie in die Spalte »fertiggestellt«. Ein Macher kann sie sich von dort nehmen, in den Prototyp integrieren und dann in die letzte Spalte einordnen. Alle Teammitglieder haben so ständig einen Überblick, welche Aufgaben noch offen und welche in Bearbeitung sind und wie der Prototyp voranschreitet. Je mehr Zettel sie in der letzten Spalte versammelt haben, desto vollständiger gestaltet sich ihr Prototyp bereits. So bleibt auch kein Teammitglied ohne Aufgabe. Sobald eine Zuarbeit erledigt ist, kann sich jeder eigenständig am Kanban-Board eine neue auswählen.

Hängen Sie wichtige, essenzielle Aufgaben dabei immer an den Spaltenanfang, die Nice-to-Haves ans Spaltenende. Achten Sie als Sprint Master darauf, dass das Team zunächst am Basisgerüst arbeitet und sich nicht schon zu Beginn in Ausschmückungen verliert. Bis zum ersten Probelauf sollte diese Basis funktionstüchtig sein, damit Ihr Team echte Erkenntnisse für die weitere Arbeit in dieser Phase gewinnen kann.

Unser Beispiel: »Schulküche Cookidadido«

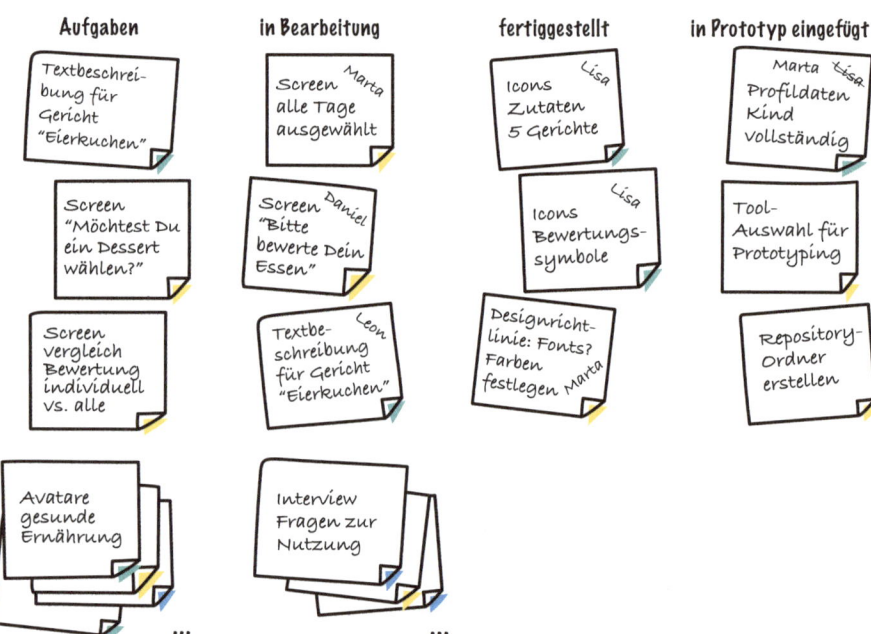

Kanban-Board

Aufgaben	in Bearbeitung	fertiggestellt	in Prototyp eingefügt
Textbeschreibung für Gericht "Eierkuchen"	Screen alle Tage ausgewählt — Marta	Icons Zutaten 5 Gerichte — Lisa	Marta Lisa Profildaten Kind vollständig
Screen "Möchtest Du ein Dessert wählen?"	Screen "Bitte bewerte Dein Essen" — Daniel	Icons Bewertungssymbole — Lisa	Tool-Auswahl für Prototyping
Screen vergleich Bewertung individuell vs. alle	Textbeschreibung für Gericht "Eierkuchen" — Leon	Designrichtlinie: Fonts? Farben festlegen — Marta	Repository-Ordner erstellen
Avatare gesunde Ernährung ...	Interview Fragen zur Nutzung ...		

Während der Erstellung des Prototyps ist es für das gesamte Team hilfreich, seine Arbeiten auf einem Kanban-Board zu visualisieren. So könnte das Board nach einer Stunde gemeinsamer Arbeit aussehen.

Vorbereitung der technischen Übertragung der Interviews

Auch wenn es manchmal zu Beginn zu kleinen Startschwierigkeiten kommt, kommen Sprint-Teams in der Phase des Erstellens des Prototyps in der Regel sehr gut allein zurecht und arbeiten gezielt an der Fertigstellung ihres Prototypen. Sie als Sprint Master haben so etwas Zeit für andere Tätigkeiten. Während das Team den Prototyp weiterbaut, müssen Sie sicherstellen, dass die technische Übertragung zwischen dem Raum, in dem die Interviews stattfinden, und dem zweiten Raum, in dem das Team die Tests verfolgt, funktioniert und einsatzbereit ist.

Für einige Sprints reicht es, wenn Sie eine normale kleine Kamera im Interviewraum installieren und die Aufnahme in den Beobachterraum, von dem aus das Team zusieht, übertragen. Für die Mehrzahl unserer Sprints benötigen wir aber komplexere Lösungen, mit denen das Team zum einen das Nutzerverhalten in der digitalen Anwendung und zum anderen Mimik und Gestik des Nutzers wahrnehmen kann, damit keine entscheidenden Aktionen oder Reaktionen verloren gehen. Damit Sie hier keine teuren Investitionen machen müssen, nutzen Sie, was immer Standard in Ihrem Unternehmen ist und sich dafür verwenden lässt. Sie können jede Übertragungsmöglichkeit nutzen, die Ihnen zur Verfügung steht und die eine ausreichende Qualität für Ihr Vorhaben liefert. Für den Fall, dass Sie auf keine solche Technik zurückgreifen können, beschreiben wir Ihnen nachfolgend im Detail, wie wir die Übertragung auf hoher Qualität sicherstellen. Das soll Ihnen als Vorlage dienen, leicht und preiswert eine eigene Lösung zu erarbeiten.

Für jede komplexere Übertragung benötigen Sie: ein Gerät, auf dem der Nutzer den Test durchführt, ein zweites, das seine Mimik und Körpersprache sowie seine verbalen Äußerungen dabei überträgt, und ein drittes, das diese beiden Ansichten während der Übertragung für das Team abbildet. Sie können grundsätzlich jede Art von Computersystem und Anwendungen einsetzen, wir haben hier keine besonderen Empfehlungen. Alle Videokonferenz-Applikationen, die über eine Screen-Sharing-Funktion verfügen, können Ihnen beste Dienste leisten. Wenn Sie bereits Skype, GoToMeeting, Google Hangouts, Zoom oder Apple Airplay in Ihrem Unternehmen nutzen, dann bleiben Sie bei Ihrer altbekannten Lösung.

Wenn wir in unseren Sprints eine Webapplikation testen, benutzen wir Teile unserer normalen Büroausstattung, das ist bei uns ein iMac (Pro), ein MacBook und ein iPhone. Auf allen drei läuft die Applikation appear.in (*appear.in*), die wir in einer Dreierkonferenz zusammenschalten. Diese erlaubt, nicht nur den Inhalt des Bildschirmes der Applikation zu übertragen, sondern auch, den gesamten Verlauf der Übertragung zu speichern. Das Aufgenommene kann über einen Browser angesehen werden. Bitte beachten Sie, dass Sie für den Fall einer geplanten Speicherung vorher das Einverständnis der Testkandidaten einholen müssen. Auf dem iMac läuft die Applikation, die der Nutzer bedient, sein Bildschirm wird via appear.in übertragen. Das iPhone, das auf ein Stativ montiert seitlich frontal die Nutzungssituation aufnimmt, wird ebenfalls über appear.in übertragen. Achten Sie unbedingt darauf, bei dem iMac den Lautsprecher auszuschalten, das Mikrofon aber offen zu lassen. Im iPhone müssen Sie sowohl Lautsprecher als auch Mikrofon ausgeschaltet lassen, um keine Rückkopplung zu erhalten und vor allem die Kommentare oder Hinweise aus dem Teamzimmer nicht an den Testkandidaten durchzustellen.

Für den Fall, dass Sie eine mobile Applikation testen und ebenfalls appear.in für die Übertragung nutzen wollen, benötigen Sie ein viertes Gerät, auf dem die mobile Testapplikation läuft und das Sie per Kabel mit dem übertragenden Gerät verbinden. Das heißt, bei einer iOS-App nutzen wir in unseren Sprints zwei iPhones, ein iMac und ein MacBook. Das iPhone, das die App zum Testen zeigt, wird mit dem iMac über ein Kabel verbunden. Der Inhalt des Bildschirmes kann via QuickTime Player auf den iMac übertragen werden. Das alles wird ebenfalls über appear.in übertragen und kann aufgenommen werden.

Wenn Sie eine Android-Applikation testen, kann die genannte Technik mit einem Android-Gerät und in Kombination mit der Software Vysor (*vysor.io*) eingesetzt werden. Vysor erlaubt das Visualisieren der App auf dem iMac und kann dann ebenfalls über appear.in übertragen werden.

Da es sich in allen Fällen um ein Zusammenspiel mehrerer Geräte und Software handelt, die immer wieder aktualisiert wird, ist es wichtig, alles kurz vorher ausreichend zu testen. Wir kommen mit appear.in, Vysor.io und QuickTime Player aber meist störungsfrei sehr gut zurecht. Wenn Sie eine Alternative für die Übertragung suchen, können wir Ihnen noch ManyCam (*manycam.com*) empfehlen, eine Software, mit der wir in den ersten Sprints gearbeitet haben.

Auf Seiten des Teams statten wir das MacBook in deren Raum mit leistungsstarken Lautsprechern aus, damit die Ausführungen des Interviewers sowie alle Kommentare der Nutzer gut verstanden werden können. Den Bildschirm des MacBooks übertragen wir über einen Projektor auf eine Großleinwand, um auch optisch das Maximum der Übertragung zu ermöglichen.

Und noch ein abschließender Tipp: Bitte erliegen Sie nicht der Versuchung, das Sprint-Team im Halbkreis um den Testkandidaten und den Interviewer zu setzen und live beobachten zu lassen, weil Sie sich den Aufwand mit der Technik sparen wollen. Kein Nutzer wird dann noch den Eindruck haben, es würde der Prototyp und nicht er selbst getestet. Testkandidaten wollen in der Regel ebenfalls ihr Bestes geben, um zum Gelingen des Sprints beizutragen. Denn Sie als Sprint Master haben im Vorgespräch sicher betont, wie essenziell Nutzerinterviews am Ende des Sprints für das gesamte Team sind. Wenn er dann vor einem Prüfungskomitee Rede und Antwort stehen muss, wird sich das schnell in Prüfungsangst und Zurückhaltung niederschlagen. Oder würden Sie einem Team, das drei Tage lang alles gegeben hat, ins Gesicht sagen, dass Sie mit dem Prototyp nichts anfangen können oder wesentliche Bestandteile für verzichtbar halten? Daher bemühen Sie sich, egal wie bescheiden Ihre Mittel sind, getrennte Räume für Kandidaten und Team sicherzustellen.

So sieht die optimale räumliche Verteilung zwischen Sprint-Teammitgliedern im einen und Interviewer mit dem Testkandidaten des Prototypen im anderen Raum aus.

Probelauf A

Wir führen in unseren Sprints grundsätzlich zwei Probeläufe durch. Denn wir haben festgestellt, dass die Teams mitten in ihrer Arbeit diesen Moment des Innehaltens und der Synchronisation ihrer individuellen Arbeiten benötigen. Es sind einfach zu viele Expertisen im Team vorhanden, die enthusiastisch an ihrem Teil des Prototyps arbeiten und darüber schnell einmal das zusammenhängende Ganze aus den Augen verlieren. Oder ihnen kommt beim Arbeiten eine (Gestaltungs-)Idee, die sie gut finden und verfolgen, die sie aber zu weit weg vom verabredeten Storyboard führt. Für solche Korrekturen eignet sich ein erster Probelauf am frühen Nachmittag hervorragend. Die Zeit ist im Anschluss knapp genug, um die Konzentration aufs Wesentliche zu lenken, und lang genug, um noch in Ruhe alle möglichen Verbesserungen vornehmen zu können.

Im Probelauf A geht es darum, dass Ihr Team einen ersten Eindruck bekommt, wo es mit seinem Prototyp schon steht und was noch fehlt. Entspricht die erstellte Lösung dem User Test Flow des Storyboards? Bauen die eingesetzten Designs aufeinander auf? Sind die Texte konsistent und die Ansprache der Nutzer passend? Wird sich der Nutzer sofort wiederfinden? Deckt das Skript für das Interview alle Sprint-Fragen ab und leitet es angemessen durch den Prototyp? Harmonieren Design und Texte für die beabsichtigte Wirkung? Für den Fall, dass Sie den Entscheider während der Prototyperstellung aus dem Sprint-Team entlassen hatten, sollten Sie ihn für den ersten Probelauf unbedingt zurück an Bord holen. Er kann hier noch einmal wichtige kleine Kurskorrekturen vornehmen, die am Testtag den entscheidenden Unterschied machen.

Neben allen Aktivitäten rund um den Prototyp können Sie die Gelegenheit des Probelaufs auch nutzen, um die Software der Übertragung zu testen. Funktioniert die eingesetzte Software für die Aufnahme? Wie ist die Akustik? Wird alles im Bild übertragen, das das Team sehen muss? Hat das Team gute Einsichten in die Handlungen des Testkandidaten wie auch seine Mimik und seine Erläuterungen? Der erste Probelauf sollte dem Team jede Menge Erkenntnisse liefern, die Sie den restlichen Nachmittag beim Bau des Prototyps begleiten.

Probelauf B und Abschlussarbeiten

Für den zweiten Probelauf sollte der Prototyp fertiggestellt sein. So wie bei der Generalprobe eines Orchesters können jetzt nur noch Feinheiten der Darbietung justiert, an den Elementen der großen Aufführung selbst kann aber nichts mehr geändert werden.

Bereinigen Sie im Anschluss die letzten Unebenheiten und unterstützen Sie den Interviewer darin, dass er auf alle Fragen, an denen das Team interessiert ist, am nächsten Tag eine Antwort der Nutzer bekommt. Räumen Sie alles auf und bereiten Sie die Räume für die nächste Sprint-Phase vor, damit Sie am Folgetag entspannt starten können. Lassen Sie das Team den Raum so zu Ende gestalten, dass am nächsten Tag die Tests in einer schönen und für den User angenehmen Atmosphäre stattfinden können. Prüfen Sie ein letztes Mal die Übertragungssoftware, Ladekabel und Geräte. Dann sind Sie bereit für den großen Tag.

Gemeinsame Feier

Das Team hat drei Tage lang intensiv gemeinsam gearbeitet. Sicher haben Sie neben vielen Fortschritten auch einige kleine Frustrationsmomente erlebt. Sie sollten daher sich und das Team belohnen, dass Sie zusammen alles gemeistert und am Ende einen funktionierenden Prototyp erstellt haben. Wir pflegen in unseren Sprints mit dem Team in den Räumen, in denen wir den Sprint durchgeführt haben, ein schönes Essen mit hochwertigen Getränken aufzutischen. Ein bisschen wie eine kleine, aber feine Familienfeier. Denn wir finden, am Ende des dritten Tages haben sich das alle verdient. Während des Sprints hat man wenig Zeit für Zwischentöne. Jetzt kann man entspannt Danke und Bitte sagen. Wir lassen den Sprint Revue passieren, tauschen uns aus und kultivieren ein bisschen den Stolz darauf, was wir gemeinsam geleistet haben. Unabhängig davon, ob jetzt die Testnutzer am nächsten Tag zufrieden sind oder nicht, diesen Erfolg unserer Anstrengungen kann uns am Mittwochabend keiner nehmen. Also feiern wir genau hier und genau jetzt. Am nächsten Tag werden die Ideen validiert und müssen der kritischen Nutzung standhalten. Dann ist immer noch Zeit genug, wieder in den Selbstkritik- und Erkenntnismodus zu schalten.

- **Interview-Terminbestätigung:** Telefonieren Sie Ihre Testkandidaten für den Folgetag noch einmal ab. Stellen Sie sicher, dass sie sich die Zeit freigehalten haben und wie verabredet zum Sprint erscheinen werden. Verpflichten Sie vorsorglich einen zusätzlichen Kandidaten für den Nachmittag; damit, falls jemand ausfallen sollte, Sie trotzdem auf fünf Interviews kommen.

- **Tools:** Sie sind gut beraten, wenn Sie sich mit einigen digitalen Tools zur Prototyperstellung vertraut machen. Bestenfalls haben Sie einen oder mehrere Designer im Team, die sich ausreichend damit auskennen. Da das Prototyperstellen ein essenzieller Bestandteil des Sprints ist, sollten Sie zumindest rudimentäres Wissen an die Teammitglieder weitergeben können. Sie kennen sicher Keynote oder PowerPoint. Beides sind hervorragende Prototyping-Werkzeuge, auch wenn Sie sie bisher vielleicht nur für Präsentationen genutzt haben. Ihr Testinterview ist im Grunde nichts anderes: Sie präsentieren Ihre Ideen. Sowohl PowerPoint als auch Keynote stellen Templates für das Erstellen von Prototypen zur Verfügung, enthalten viele grundlegende Vektorformen und hunderte Layouts. Jede Folie in PowerPoint stellt z. B. eine Bildschirmansicht in der Anwendung dar, und jede Verbindung zwischen einem Element auf einer Folie und einer anderen Folie simuliert einen Übergang von einer Bildschirmansicht zur anderen. Sie haben die Möglichkeit, Hyperlinks zwischen allen Folien zu erstellen, sodass Sie in der Benutzung hunderte Klickfolgen des Nutzers zielführend hinterlegen können. Sie gestalten so Benutzeroberflächen, die mit den Eingaben des Nutzers wie eine echte Anwendung interagieren. Es gibt allerdings auch jede Menge extra hierfür konzipierte Prototyping-Tools und jeden Tag erscheinen neue. Wichtig ist nur, dass auch Ihr Team sich mit dem ausgewählten Tool auskennt und überzeugt ist, dass es eine Hilfe und keine Last bei der Erstellung des Prototyps ist. Ferner müssen sich natürlich alle Teilnehmer auf möglichst ein Tool und eine Designvorlage verständigen, um nach der Arbeitsteilung eine schnelle Zusammenführung zu erreichen.

- **Umfang:** Manchmal kommt es vor, dass sich das Team und der Entscheider doch zu viel vorgenommen haben und sich während der Prototyperstellung abzeichnet, dass das geplante Storyboard nicht vollumfänglich umgesetzt werden kann. Entscheider neigen dann dazu, Nachtarbeit anzuordnen. Nehmen Sie als Sprint Master das Team in Schutz und versuchen Sie, gemeinsam mit dem Entscheider eine Lösung zu erarbeiten: Dies kann die Reduktion auf nur einen Teilausschnitt des Storyboards oder die Reduktion der Komplexität des zugrunde liegenden Sachverhalts sein. Wenn Sie Zweifel haben, entscheiden Sie sich für die risikoreichsten Features. Diese haben das meiste Potenzial und würden Sie aber wahrscheinlich in der Umsetzung auch das meiste Geld kosten. Die Blindgänger darunter auszusortieren ist also oberstes Interesse Ihres Sprints. Sie können durch diese Priorisierung in Ihrem Zeitplan bleiben, die Ressourcen des Teams nicht überstrapazieren, für einen (reduzierten) Teil aussagekräftige Ergebnisse erzielen und die nun ausgeschlossenen Teile in einer weiteren Iteration zu einem späteren Zeitpunkt umsetzen und testen.

Donnerstag

Am vierten Tag starten Sie in die letzte Phase des Sprints und überprüfen Ihren Prototyp. Sie sammeln jetzt die Früchte all Ihrer Arbeit der hinter Ihnen liegenden Tage ein. Wie die Nutzer mit Ihrem Prototyp umgehen und welche Reaktionen Ihr Team dabei beobachten kann, wird Ihnen Antworten auf Ihre Sprint-Fragen geben und noch einige zusätzliche Ideen und Verbesserungsvorschläge aufzeigen. Am Ende dieses Tages werden Sie wissen, ob eine vielversprechende neue Lösung in Ihrem Prototyp steckt und was die nächsten Schritte für Ihr Unternehmen sein müssen.

Überblick Phase 5: den Prototyp überprüfen

Wir können es gar nicht oft genug betonen: Im Grunde ist es egal, ob Ihr Prototyp nun gut oder schlecht funktioniert. Sie testen nicht das Konstrukt. Was Sie testen, ist die Interaktion Ihrer Ideen mit den Bedürfnissen des Nutzers über die Brücke des Designs. Funktioniert Ihr Lösungsansatz? Kann der Nutzer etwas damit anfangen? Ihr Ziel ist nicht das Bestehen eines Testes, sondern so viele Rückmeldungen und Verbesserungsvorschläge wie nur irgend möglich zu bekommen.

  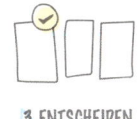  

1. VERSTEHEN   2. SKIZZIEREN   3. ENTSCHEIDEN   4. PROTOTYPING   5. ÜBERPRÜFEN

Sprint-Master-Stundenplan der Phase 5

09:00

Begrüßung

Kurzer Rückblick auf die Aktivitäten am Vortag und Vorstellung Phase 5

09:15

Vorbereitung der Interviews

Machen Sie sich und Ihr Team startklar für die Interviews und die effektive Erfassung der zu sammelnden Informationen.

09:30

Interview 1

Der erste Nutzer erscheint zum Interview und testet den Prototyp.

10:15 PAUSE

10:30

Interview 2

Der zweite Nutzer erscheint zum Interview und testet den Prototyp.

11:15 PAUSE

11:30

Interview 3

Der dritte Nutzer erscheint zum Interview und testet den Prototyp.

12:15 MITTAGESSEN

13:30

Interview 4

Der vierte Nutzer erscheint zum Interview und testet den Prototyp.

14:15 PAUSE

14:30

Interview 5

Der fünfte Nutzer erscheint zum Interview und testet den Prototyp.

15:15 PAUSE

Parallel zu den Interviews

Mitschrift der Interviewerkenntnisse

Das Team vermerkt während der Interviews alle Erkenntnisse auf Haftzetteln. Der Sprint Master ordnet diese sinnvoll auf einem Feedback-Board an.

15:30

Sammeln aller Ergebnisse

Das Team schaut sich gemeinsam alle auf den Haftzetteln vermerkten Erkenntnisse an, clustert diese und versucht, Muster zu erkennen. Dann hält es die Sprint-Ergebnisse unabhängig von den Testkandidaten in einem Dokument fest.

17:00 PAUSE

17:15

Retrospektive

Sie schauen gemeinsam mit Ihrem Team auf den Sprint zurück und teilen Ihre Eindrücke, Erkenntnisse und Verbesserungsvorschläge.

18:00 ENDE

Anschließend nur für den Sprint Master

Archivieren aller Arbeiten und Aufräumen

Sie als Sprint Master sollten alle gesammelten Ergebnisse digital ablegen. Die noch ausstehende Abschlussdokumentation gehen Sie besser erst ausgeschlafen am Folgetag an.

 **Materialien**

1 schwarzer Stift
pro Person

2 Blöcke quadratische Haftnotizen pro Person in 2
verschiedenen Farben (wir empfehlen grün und rosa)

1 Whiteboards bzw.
große Wandfläche für
die Ergebnisse

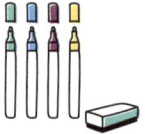

1 Packung bunte
Whiteboard-Stifte

 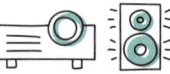

3 bzw. 4 Geräte für die Testsituation
(i.d.R. 2 Laptops und 1 bzw. 2 Mobiltelefone),
optional Lautsprecher und Beamer

1 Kamera

- Fünf potenzielle Kunden haben den Prototyp getestet

- Sie haben Muster in der Nutzung erkannt und Erkenntnisse gewonnen, in welchen Bereichen Ihr Prototyp bestanden hat und in welchen er bei den Kunden durchgefallen ist

- Sie haben Antworten auf die meisten Ihrer Sprint-Fragen gefunden

Vorbereitung der Interviews

Bevor der erste Testkandidat den Raum betritt, müssen Sie Ihr Team und sich selbst startklar für die Interviews und das effektive Erfassen der zu sammelnden Informationen machen. Prüfen Sie zunächst noch einmal den Raum: Stehen Getränke bereit? Werden Interviewer und Testnutzer in einer angenehmen ruhigen Atmosphäre ungestört sitzen und sprechen können? Entspricht die Umgebung der Situation, in der der Tester auch in der realen Welt mit Ihrem Produkt oder Ihrer Anwendung umgehen würde? Haben Sie alle Details bedacht, sodass sich die Situation so natürlich wie möglich anfühlt? Dann testen Sie ein letztes Mal die Technik, damit die Übertragung in den Sprint-Raum, in dem sich das Team Notizen machen wird, reibungslos funktioniert. Danach richten Sie im Sprint-Raum ein Feedback-Board ein, auf dem Sie alle Beobachtungen, die das Team auf Haftnotizzetteln notiert, sammeln werden.

Wie sieht ein solches Feedback-Board aus? Zeichnen Sie sich die Matrix dafür auf ein Whiteboard oder kleben Sie die Gitterlinien mit dem Kreppband auf, wenn Sie noch welches davon vorrätig haben. Für uns hat es sich bewährt, in die horizontale Achse oben die Namen unserer Testkandidaten sowie die Uhrzeit, zu der diese zu uns zum Test kommen, einzutragen. In die vertikale Spalte tragen wir die Punkte ein,

zu denen wir uns detailliertes Feedback erhoffen. Das können die ganz konkreten Sprint-Fragen sein oder aber allgemeinere Kategorien wie »Intuitive Benutzung«. In manchen Sprints haben wir hier auch in die einzelnen Screens der digitalen Anwendung unterteilt. Die Aufteilung dieser Spalten hängt sehr vom Sprint-Thema und dem zugehörigen Prototyp ab. Die unterste Zeile sollten Sie aber immer für zusätzliche Anregungen und Kritik freihalten, die die Testnutzer Ihnen und Ihrem Team mit auf den Weg geben. Diese Zeile wird später eine wahre Schatztruhe für die Weiterentwicklung Ihrer Lösung sein. In der Abbildung auf Seite 189 sehen Sie ein Beispiel, wie ein vorbereitetes Feedback-Board aussehen könnte.

Statten Sie jedes Teammitglied mit einem schwarzen Stift und den Haftnotizzetteln aus, am besten in zwei verschiedenen Farben: eine für die positiven Kommentare (wir benutzen Grün) und eine für die negativen Anmerkungen der Testkandidaten (ein Rotton wie Rosa oder Orange ist einprägsam). Sie können auch, wenn Sie nur eine Farbe zur Hand haben, die Teilnehmer bitten, auf jedem Zettel ein Plus- oder Minuszeichen in der oberen linken Ecke zu notieren. Hauptsache, Sie können die Notizen danach schnell auf dem Feedback-Board einordnen. Erinnern Sie die Teilnehmer auch daran, nicht nur Notizen davon zu machen, was die Testnutzer aktiv äußern! Manchmal lassen auch Mimik und Gestik eindeutige Bewertungen erkennen, die der Nutzer so offen gar nicht äußert. Auch diese sollten vom Team für die Auswertung unbedingt protokolliert werden. Ein Stirnrunzeln oder hochgezogene Brauen verbunden mit einem tiefen Seufzer sind zum Beispiel eindeutige Marker, dass der Testnutzer wenig euphorisch mit dem umgeht, was er als Prototyp vor sich hat. Wenn Sie dies alles berücksichtigt haben, sind Sie startklar für die großen Momente: Die Testkandidaten probieren Ihren Prototyp aus.

Feedback-Board	Name 9:30	Name 10:30	Name 11:30	Name 13:30	Name 14:30
Sprint-Frage 1					
Sprint-Frage 2					
Sprint-Frage 3					
Ideen und Kritik					

Für ein Feedback-Board schaffen Sie sich eine Matrix aus den Namen der Testkandidaten in der horizontalen und Auswertungskategorien in der vertikalen Ausrichtung.

Die Interviews

Sie haben für den Tag fünf Interviews geplant, drei am Vormittag und zwei weitere nach der Mittagspause. Ihr Interviewer sollte versuchen, immer ungefähr eine Dreiviertelstunde für jedes Interview aufzuwenden und danach ca. 15 Minuten Pause für die eigene Regeneration freizuhalten. Er wird allerdings merken, dass manche Testkandidaten lange brauchen, um sich warm zu reden, und erst spät im Interview die für Ihr Team wichtigen Antworten und Erkenntnisse preisgeben; während andere nach dreißig Minuten fertig sind und sicher sind, alles gesagt zu haben. Andere Teilnehmer wiederum sind so engagiert bei der Sache, dass 60 Minuten kaum ausreichen, um alle Ideen weiterzugeben. Bitten Sie den Interviewer also, nicht zu streng mit der Uhr zu sein, aber trotzdem darauf zu achten, dass nicht Ihr gesamter Zeitplan aus dem Ruder läuft und ihm und dem Team noch kurze Phasen der Regeneration zwischen den Interviews zur Verfügung stehen. Sie haben als Sprint Master in dieser Phase kaum Einflussmöglichkeiten, der Interviewer hat Ihnen Ihre Rolle an diesem Tag abgenommen. Konzentrieren Sie sich auf die übersichtliche Auswertung, sodass Ihr Team alle entscheidenden Informationen aus dem Sprint mitnehmen kann.

Und noch ein paar zusätzliche Tipps an den Interviewer: Offene Fragen stellen! Das heißt, alle Fragen vermeiden, auf die die Antwort ein bloßes »Ja« oder »Nein« sein würde. Und geben Sie dem Testkandidaten auf keinen Fall Multiple-Choice-artige Antwortvorgaben. Denn dann verpassen Sie unter Umständen seine eigene originelle Antwort. Hangeln Sie sich an dem vollen Repertoire der W-Fragen entlang, die die deutsche Sprache Ihnen bietet: warum, wieso, wer, wann, wie, was, wozu, wo? Wenn Ihnen gerade nichts einfällt, können Sie auch einfach Sätze beginnen und das Ende offenlassen. Ein gekonntes »Also, Sie meinen, dass ... hmmm ...«. Ihr Kandidat wird in den meisten Fällen versuchen, diese eher unangenehme Gesprächslücke zu füllen, und ein eigenes Ende zu Ihrem Satzanfang finden. Probieren Sie es aus. Sie werden sehen, mit jedem Interview wird das Fragenrepertoire größer.

Wie in jeder Phase stellen wir Ihnen auch für die Interviews einen Leitfaden vor und ergänzen diesen mit möglichen konkreten Beispielen für unser Schulküchenunternehmen. Helfen Sie als Sprint Master Ihrem Interviewer, seinen eigenen Stil zu finden und bestmögliche Arbeit für den Erfolg des Sprints zu liefern.

Drehbuch für Ihre Interviews

1. Herzliches Willkommen

Damit Sie offene und ehrliche Antworten bekommen, müssen sich die Testkandidaten wohlfühlen. Ihren Raum haben Sie schon akribisch so gestaltet, dass dieser dazu beitragen sollte. Jetzt kommt es auf den Gastgeber, also Ihren Interviewer an, für die vollendete Wohlfühlatmosphäre zu sorgen. Er sollte den Kunden freundlich begrüßen, ein paar herzliche Kennenlernsätze austauschen und das Einverständnis zur Videoaufzeichnung einholen. Außerdem sollte der Interviewer mehrmals betonen, dass es allein um das Testen des Prototyps, nicht aber um die Performance des Testnutzers geht. Lächeln, eine offene Körperhaltung und Augenkontakt vermitteln dem Testkandidaten zusätzliche Sicherheit. Der Interviewer muss Neugierde und Offenheit ausstrahlen. Er darf wenige Erwartungen an die Bedienung des Prototyps haben, er sollte allen Reaktionen und Bewertungen des Testkunden offen gegenübertreten und diese wie in jedem anderen Gespräch auch interessiert aufnehmen. Dabei darf er in der Reaktion gerne Überraschung wie »Ah!« oder »Das ist interessant.« spiegeln, sollte aber von Bewertungen wie »Großartig!« oder »Richtig, gut gemacht!« Abstand nehmen.

Um in das Gespräch zu starten, sind folgende Beispielsätze denkbar:

»Danke, dass Sie da sind und uns bei unserem Projekt helfen! Wir haben uns schon so weit eingearbeitet, dass wir einen frischen Blick von jemand Außenstehenden auf unsere Lösung brauchen.«
»Ich werde Ihnen jede Menge Fragen stellen, aber ich möchte dabei vermeiden, dass Sie das Gefühl haben, ich teste Sie! Es gibt keine richtigen oder falschen Antworten. Wenn Sie nicht weiterkommen oder Fragen haben, dann sagen Sie mir das und ich weiß, woran wir weiterarbeiten müssen.«

»Ich möchte wissen, wie unsere Lösung auf Sie wirkt und ob Sie es so benutzen würden. Daher wäre es toll, Sie könnten laut denken, während Sie es ausprobieren.«

»Ich habe die Lösung selbst nicht mitentwickelt, Sie können mir also offen und ehrlich sagen, was Sie denken. Ihr ehrliches Feedback verletzt aber niemanden, sondern hilft dem Team enorm.«

»Wir zeichnen unser Gespräch auf, damit mein Team genauso viele Informationen bekommt wie ich. Wir löschen die Aufzeichnung, sobald wir alle wichtigen Informationen für uns herausgearbeitet haben. Sind Sie damit einverstanden?«

2. Den Kunden kennenlernen

Nach der Einleitung muss Ihr Interviewer vom Allgemeinen zum Prototyp überleiten. Für das Team ist es hilfreich, den Testkandidaten zunächst ein bisschen näher kennenzulernen, damit es vielleicht auch Lösungseigenschaften, die der Nutzer anders einordnet oder nutzt als andere Kandidaten, besser bewerten

kann. Für unsere Schulküchen-Applikation könnte das zum Beispiel so aussehen:

»Was machen Sie beruflich, wenn Sie nicht hier sind und mir helfen?«

»Was machen Sie in Ihrer Freizeit?«

»Wenn Sie sich an Ihre Schulzeit zurückerinnern – wer hat für Sie das Mittagessen gekocht? Haben Sie in der Schule gegessen?«

»Haben Sie Kinder?«

»Nehmen Ihre Kinder an der Schulspeisung teil?«

»Ist Ihnen gesunde Ernährung für sich und Ihre Kinder wichtig?«

»Legen Sie Wert auf die Meinung anderer Eltern und Kinder oder verlassen Sie sich lieber nur auf die Bewertung Ihres Kindes?«

»Wie funktioniert die Essensbestellung für Ihre Kinder derzeit? Was gefällt Ihnen daran besonders gut, welche Änderungen würden Sie sich wünschen?«

3. Den Prototyp vorstellen

Nachdem Sie das Gespräch schon zum Thema hinge-leitet haben, können Sie nun Ihren Prototyp vorstellen. Idealerweise funktioniert dieser erst einmal so, dass der Nutzer nicht wirklich merkt, dass er keine wirkli-che Lösung, Anwendung oder kein echtes Produkt vor sich hat. Umso weniger Fantasie der Nutzer einsetzen muss, desto natürlicher seine Reaktion.

»Ich möchte Ihnen jetzt den Prototyp vorstellen. Es kann passieren, dass er hier und da noch nicht perfekt funk-tioniert. Probieren Sie einfach aus, was geht, es kann nichts kaputtgehen.«
»Bitte denken Sie laut, während Sie Dinge ausprobieren, dann kann ich Ihnen und Ihren Erwartungen und Beden-ken besser folgen.«
»Wenn Sie irgendwo nicht weiterkommen oder Ihnen das Verständnis fehlt, sagen Sie mir das bitte.«
»Wenn Sie etwas sehen, das Ihnen besonders gut gefällt, können Sie mir das auch gern mitteilen.«

4. Kleine Aufgaben stellen

Nachdem Ihr Nutzer zunächst intuitiv vorgegangen ist, kann es gut sein, dass er einige Funktionen Ihres Proto-typs noch gar nicht getestet hat. Hierfür eignet es sich, kleine Aufgaben zu geben, allerdings nicht im Sinne von »Machen Sie dies« oder »Klicken Sie hier«, sondern eher als Aufgabenstellung, zu der der Testkandidat eine Lösung finden muss. Ihr Interviewer sollte solche kleinen Aufgaben mit einer fiktiven Situation begin-nen, in denen Ihr Prototyp eine Lösung bieten könnte. Die Aufgaben müssen aber so gestellt sein, dass der Testkandidat schnell zu einer Lösung kommen kann. Andernfalls erhöht der Interviewer den Stress sonst zu stark und schürt eher Unsicherheit als Kreativität.

»Stellen Sie sich vor, Ihr Kind wäre neu an der Schule und Sie möchten, dass es an der Essensversorgung dort teilnimmt. Wie gehen Sie vor?«
»Stellen Sie sich vor, Ihr Kind kommt nach Hause und be-schwert sich, dass das Essen heute Mittag unglaublich

versalzen und pampig gewesen wäre. Haben Sie eine Idee, wie Sie diese Beschwerde weitergeben könnten?«
»Wenn Sie die Zutaten des Schulessens interessieren, wo würden Sie nachsehen?«
»Würden Sie Ihr Kind hier auch allein bestellen lassen?«
»Sehen Sie die farbige Leiste hier oben am Bildschirm? Haben Sie eine Idee, wozu diese dienen könnte?«
»Was geht Ihnen durch den Kopf, während Sie sich hier durch die Speisenauswahl klicken?«

5. Abschlussfragen und Verabschiedung

Bevor der Interviewer dem Testkandidaten noch einmal für seine Unterstützung dankt, ihm ein Geschenk überreicht oder die vereinbarte Vergütung und ihn dann hinausbegleitet, bietet Ihnen das Gespräch die Chance, am Ende noch zusätzliche wertvolle Informationen zu erhalten, die Ihnen auf dem weiteren Weg nach dem Sprint helfen können. Vor allem kann der Testkandidat selbst Bilanz ziehen und seine Gedanken noch einmal auf den Punkt bringen.

»Was denken Sie über das, was Sie ausprobiert haben?«
»Wie schwer ist es Ihnen gefallen, die Bestellung abzugeben?«
»Wie würden Sie Ihren Freunden beschreiben, was Sie heute gesehen und benutzt haben?«
»Wie finden Sie die Lösung im Vergleich zu der Lösung, die Sie derzeit für Ihre Kinder nutzen?«
»Wenn Sie einen Wunsch frei hätten, was würden Sie wünschen?«
»Welche Funktion fehlt Ihnen?«
»Was hat Sie überrascht?«

Mitschrift der Interviewerkenntnisse

Während Ihr Interviewer im Gespräch mit dem Testnutzer versucht, alle möglichen Erkenntnisse herauszukitzeln, liegt es in den Händen Ihres Teams, alles Wichtige aufzunehmen. Es gilt wie immer: pro Information ein Haftnotizzettel. Grüne für das Positive, rosafarbene für alle kritischen Antworten. Es verlangt höchste Konzentration, alle Informationen zu verarbeiten und gleichzeitig zu protokollieren. Vor allem während des Schreibens, wenn die Teammitglieder auf ihren Schreibtisch schauen, können Ihnen wertvolle Mimik und Gestik entgehen. Daher ist es sinnvoll, dass stets das ganze Team Mitschriften macht, auch wenn sich einige Erkenntnisse dadurch doppeln. Sie werden aber merken, dass zwischen allen Antworten der Kandidaten auch innerhalb des Teams immer wieder Interpretationsspielräume entstehen, die ein einzelner Protokollant nicht hätte erfassen können. Sie als Sprint Master sammeln nach dem Interview alle Haftnotizzettel ein und heften diese an das Feedback-Board. Dabei können Sie schon Zettel mit gleichen Informationen übereinander heften und Ähnliches nebeneinander platzieren. Achten Sie auch darauf, dass Sie wertvolle zusätzliche Anregungen unbedingt in die unterste Spalte sortieren, damit diese nicht verloren gehen. Sie können später den entscheidenden Fortschritt des Prototyps oder seiner Erweiterungen liefern. Protokollieren Sie am Ende unbedingt wieder alles mit Fotoaufnahmen, sobald Ihr Feedback-Board fertiggestellt ist. Alle hier enthaltenen Informationen sind auch später noch Gold wert.

Unser Beispiel: »Schulküche Cookidadido«

Feedback-Board	Yulia 9:30	Andreas 10:30	Sabine 11:30	Steffen 13:30	Isabel 14:30
Gesamt-konzept					
Bewertung abgeben					
Essen bestellen					
Ideen und Kritik					

In etwa so sieht Ihr Feedback-Board aus, nachdem alle fünf Testkandidaten Ihren Prototyp getestet haben.

Sammeln aller Ergebnisse

Legen Sie nach den Interviews eine kurze Pause ein, Sie und Ihr Team haben nun den anstrengenden Teil des Sprints hinter sich. Wenn alle einmal durchgeatmet haben, versammeln Sie Ihr Team um das Feedback-Board herum und stellen Sie die Erkenntnisse vor, die Sie als Sprint Master hier zusammengetragen haben. Gehen Sie nicht vertikal Interview für Interview durch, sondern horizontal anhand der inhaltlichen Punkte. So können Sie gemeinsam versuchen, Muster zu finden, bei denen die Testnutzer mehrheitlich übereinstimmen. Notieren Sie diese Erkenntnisse auf einem weiteren Whiteboard und vermerken Sie sie als positiv, negativ oder neutral. Versuchen Sie diese mit dem Team gemeinsam zu interpretieren. Worin könnte die Reaktion oder Aktion oder Meinung des Testkandidaten begründet sein? Sollte und kann man das ändern? Wie? Vermeiden Sie eine intensive Diskussion, nehmen Sie einfach die Gedanken Ihres Teams auf und protokollieren Sie diese an Ihrem Whiteboard.

Konsultieren Sie im Anschluss noch einmal Ihre Sprint-Fragen, auch die, die vielleicht nicht Bestandteil Ihres Feedback-Boards waren. Finden Sie heraus, ob Sie diese beantwortet bekommen haben und welche wichtigen Sprint-Fragen unbeantwortet geblieben sind. Betrachten Sie außerdem Ihr langfristiges Ziel und befragen Sie den Ent-scheider, inwieweit der überprüfte Prototyp das Team diesem Ziel ein Stück nähergebracht hat. Halten Sie auch diese Ergebnisse schriftlich fest.

Es ist unwahrscheinlich, dass Sie alle Sprint-Fragen beantwortet bekommen haben, aber Sie sollten einen wesentlichen Schritt weiter sein. Auch ein rundum erfolgreicher Prototyp ist meist noch nicht das Ende des Prozesses, sondern nur der Auftakt für weitere Verfeinerungen. Führen Sie mit dem Team eine kurze Diskussion darüber, wie das weitere Vorgehen aussehen sollte. Bitten Sie den Entscheider festzulegen, welche Optionen für ihn die vielversprechendsten sind. Und dann genießen Sie mit Ihrem Team die innere Befriedigung, die sich darüber einstellt, was Sie in den letzten vier Tagen gemeinsam und zielorientiert geleistet haben. Es ist etwas Großartiges, das man in der täglichen Arbeit nicht immer so erleben kann.

Retrospektive

Wie schon zur Halbzeit des Sprints am Abend des zweiten Tages empfehlen wir Ihnen, auch am Ende der Phase 5 des Sprints eine Retrospektive durchzuführen, also gemeinsam mit dem Team zurückzublicken. Was nehmen die Teammitglieder aus dem Sprint für sich persönlich mit? Was war gut und was verbesserungswürdig? Konnten Wünsche und Erkenntnisse aus der ersten Retrospektive in der zweiten Hälfte des Sprints berücksichtigt werden? Würde das Team sich jederzeit wieder auf einen Sprint einlassen oder gibt es Kritik an diesem Vorgehen? Waren die eingesetzten Mittel, hinzugezogenen Experten und die Kommunikation im Team zielführend? Hätte das Team an manchen Stellen von Ihnen als Sprint Master mehr Unterstützung benötigt? Was sollte in einem möglichen späteren Sprint auf jeden Fall anders laufen? Worum müssten Sie sich gemeinsam in anderer Form kümmern? Was berücksichtigen? Sie als Sprint Master sollten zu Ihrer Leistung ein gesondertes Feedback vom Team einholen, damit Sie für zukünftige Sprints lernen können. Achten Sie aber darauf, dass es ansonsten keine persönliche Bewertung der anderen Teammitglieder gibt, sondern dass es einzig und allein um die Lernmöglichkeiten des gesamten Teams und Verbesserungen für zukünftige Sprints geht. Zum Abschluss empfehlen wir Ihnen ein Gruppenfoto vor den schönsten und optisch beeindruckendsten Ideensammlungen in Ihrem Sprint-Raum. Wir kennen viele Menschen, für die der Sprint eine so einmalige und beeindruckend produktive Teamarbeit war, dass sie sich die Erinnerung an diese vier Tage gern in einem Bild festhalten wollen. Der Erfolg und die Emotionen sind beim Anblick des Bildes jedem Sprint-Teilnehmer sofort wieder präsent. Halten Sie diese Euphorie fest. Es bleibt Ihnen und Ihrem Team für immer.

Archivieren aller Arbeiten und Aufräumen

Wenn Sie nicht schon fix und fertig sind, dann können Sie die letzte Sprint-Aufgabe noch am gleichen Abend des letzten Tages erledigen, oder aber Sie schlafen erst ein paar Stunden und gehen am nächsten Tag mit frischem Kopf die Nacharbeit an: alle gesammelten Erkenntnisse und die Ergebnisse der Retrospektive zusammenfassend dokumentieren und für alle zugänglich digital ablegen. Für uns hat sich ein online für alle zugänglicher Ordner bewährt, in dem wir folgende Aufteilung vornehmen:

- **VOR dem Sprint:** Ablage des Sprint Briefs und aller relevanten Dokumente wie Umfragen, Nutzerstudien etc.
- **Sprint-Phase 1:** Alle Bilder, die Sie zur Dokumentation der »Verstehen«-Phase aufgenommen haben.
- **Sprint-Phase 2:** Alle Bilder, die Sie zur Dokumentation der »Ideen sammeln und skizzieren«-Phase aufgenommen haben.
- **Sprint-Phase 3:** Alle Bilder, die Sie zur Dokumentation der »Entscheiden«-Phase aufgenommen haben.
- **Sprint-Phase 4:** Alle Bilder, die Sie zur Dokumentation der »Prototyp erstellen«-Phase aufgenommen haben.
- **Sprint-Phase 5:** Alle Bilder, die Sie zur Dokumentation der »Prototyp überprüfen«-Phase aufgenommen haben.

- **NACH dem Sprint:** Die Abschlussdokumentation, die Sie noch erstellen müssen, fügen Sie am Folgetag ein inkl. aller aussagekräftigen Einzelbilder, die Sie aus den Vorphasen dafür noch einmal für besonders wichtig halten.

Wenn Sie alles digital abgelegt haben, dann sammeln Sie alle anderen Erzeugnisse und Haftnotizzettel ein und bewahren diese erst einmal an einer Wand oder aber in einer Kiste auf. In der Regel kommen Sie nicht darauf zurück, da Ihre digitale Ablage strukturierter und aussagekräftiger ist. Für uns aber ist es ein gutes Gefühl, vor dem Vernichten und Entsorgen der Materialien noch ein bis zwei Wochen zu warten, für den Fall, dass sich nachträglich noch eine Unklarheit ergibt. Wenn Sie alles aufgeräumt und gereinigt haben, können Sie durchatmen. Die letzte Sprint-Phase ist vorbei. Nun müssen Sie nur noch eine Aufgabe bewältigen: die Abschlussdokumentation nach dem Sprint. Alles dazu erläutern wir Ihnen im nächsten Kapitel des Buches.

- **Kleine Anpassungen:** Nach dem ersten Interview kann es passieren, dass Sie und Ihr Team eine gravierende, aber leicht zu behebende Unzulänglichkeit Ihres Prototyps erkennen. Dann zögern Sie nicht und nutzen die kleine Pause zwischen den Interviews, um diese zu beseitigen. Es hat viel Wert, wenn Sie in den folgenden Interviews nicht immer wieder mit der Nase darauf gestoßen werden, sondern sich den Fragen widmen können. Sie ersparen sich viel Frust und Ablenkung vom Wesentlichen. Uns ist es passiert, dass wir beim ersten Interview bemerkt haben, dass wir in unserer Logik der Nutzung einen Sprung hatten, dem der Testnutzer aus seiner eigenen Erfahrungswelt heraus nicht folgen konnte. Diesen mit einem Zwischenschritt logisch zu überbrücken, war ganz leicht und ebnete den Weg durch die Applikation auch für alle Folgetestkandidaten ganz erheblich. Wenn wir schon früh erkennen, dass etwas nicht gut genug ist und wir in jedem Interview die gleiche Antwort bekommen werden, verbessern wir dies umgehend. Der Aufwand dafür muss aber minimal sein und darf nicht in Aktivitäten ausarten, die die Pausenzeit von einer Viertelstunde wesentlich übersteigen. Widerstehen Sie bitte auch der Versuchung, solche Anpassungen nach jedem einzelnen Interview vorzunehmen. Sie erhalten dann kaum noch vergleichbare Ergebnisse und sind am Ende des Tages völlig ausgepowert. Verschieben Sie diese Anpassungen lieber auf die Zeit nach dem Sprint und konzentrieren Sie sich auf die Erkenntnisse, die Sie mit Ihrem Prototyp im jetzigen Sprint gewinnen können.
- **Neutrale Beobachtungen:** Neben positiven und negativen Erkenntnissen werden Ihre beobachtenden Teammitglieder auch neutrale Beobachtungen machen. Sie können diese auf den in positiven Farben gehaltenen Kärtchen vermerken lassen oder hierfür eine dritte Farbe für die Haftnotizzettel nutzen, zum Beispiel Blau oder

Gelb. In den meisten Sprints gibt es nicht viele solcher neutralen Angaben, also machen Sie sich bitte nicht viele Gedanken um die Klassifizierung. Die Hauptsache ist, alle Erkenntnisse finden Eingang in das Feedback-Board.

- **Einzelner Interviewer:** Wir haben schon von Sprints gehört, bei denen sich das Team den letzten Tag gespart und ein einzelner Interviewer alle Gespräche geführt und seine Erkenntnisse protokolliert hat. Natürlich gewinnen Sie so enorm an Zeit, die die Teammitglieder mit anderen Arbeiten verbringen können. Sie bezahlen dies aber dann auch mit verlorenen wertvollen Informationen, die der Interviewer nicht erfragte, weil er sich nicht auf seine eigentliche Aufgabe konzentrieren konnte und nebenbei Notizen machen musste. Oder aber er verpasst, Entscheidendes zu notieren, weil ein Kandidat so schnell zwischen den Erkenntnissen springt, dass er gar nicht alles mitschreiben kann. Und wenn er alles auf Video aufnähme? Dann können Sie die Zeit des Ansehens auch gleich im Anschluss an den Sprint einplanen und dem Team einen würdigen Abschluss seiner gemeinsamen Arbeit an den Vortagen geben. Sie erhalten sich so die Dynamik des Sprints, alle Eindrücke sind noch frisch und alle Teammitglieder machen sich selbst ein Bild. Das ist viel authentischer und direkter und glaubwürdiger, als wenn Sie das Feedback des Testkandidaten nur vom Interviewer erzählt bekommen. Sie können außerdem wie in den Vortagen auch als Gruppe zu weit besseren Erkenntnissen gelangen, als ein Einzelner es zu leisten vermag.

4 Nach dem Sprint

Auch wenn es etwas klischeehaft klingt: Nach dem Sprint ist sehr oft vor dem Sprint! Die Sprint-Zeit ist um, die Ideen sind validiert, Ergebnisse dokumentiert. Und jetzt? Wie kommen Sie von der Validierung zum nächsten Schritt und inwieweit sind Sie als Sprint Master dafür noch verantwortlich? Sie könnten jetzt die Beine hochlegen und sagen, Ihre Sprint-Master-Rolle ist vorbei. Und das wäre völlig legitim. Oder aber, Sie haben ein Interesse am Produkt und an der Weiterentwicklung Ihres Unternehmens, wovon wir stark ausgehen. Dann müssen Sie die Brücke zu einem neuen Sprint oder aber zur Produktentwicklung bauen. Sie haben noch den fünften Wochentag gleich im Anschluss an Ihren Sprint. Aus der Erfahrung heraus sind Ihre Teilnehmer wie Sie mit Eindrücken überladen und recht ausgelaugt. Entscheiden Sie, ob Sie alleine oder im Team weiterarbeiten möchten. Bedenken Sie, dass Ihnen in dieser Phase das strikte Framework der vorangegangenen Tage fehlt und Sie bei gemeinsamer Arbeit trotzdem zu einem schnellen und guten Abschluss kommen wollen. Daher empfehlen wir, die Abschlussdokumentation als Sprint Master allein zu übernehmen. Nutzen Sie die Zeit, gezielt Nachlese zu betreiben und den Übergang vom Sprint in anschließende Aktivitäten gut vorzubereiten. Wir geben Ihnen nun im letzten großen Nach-dem-Sprint-Kapitel des Buches noch einige Ideen zum weiteren Vorgehen an die Hand, die uns wichtig sind, damit Ihr Sprint eine runde Sache ist.

Erstellen der Abschlussdokumentation

Um alle Erkenntnisse und Gedanken für jede Art von Weiterarbeit nach dem Sprint zusammenzufassen, sollte alles von Ihnen in einem Dokument kondensiert wiedergegeben werden. Generell können Sie sich an folgende Struktur für das Abschlussdokument orientieren.

Abschlussdokumentation

Kurze Zusammenfassung (Executive Summary)

Führen Sie einen Leser, der nicht beim Sprint dabei war, kurz in die Herausforderung und das Projekt ein. Nehmen Sie einige wesentliche Punkte aus dem Nutzer-Feedback auf und welche Schlussfolgerungen Ihr Team daraus gezogen hat.

Ausgangssituation

Wie war die Ausgangslage des Projektes und was erhoffte sich der Initiator des Sprints durch einen solchen an Erkenntnissen zu erhalten?

Herangehensweise und favorisierte Lösung

Wie gestaltete sich die Arbeit durch die verschiedenen Phasen? Welche Optionen wurden erwogen und aus welchen Gründen hat sich der Entscheider für welche Lösungsidee als Prototypumsetzung entschieden?

Erkenntnisse aus der Prototypüberprüfung

Welche Erkenntnisse hat das Team aus der Überprüfung des Prototyps durch den Nutzer gewonnen? Waren Muster in der Nutzung erkennbar?

Schlussfolgerungen und Empfehlungen

Was schließt das Team aus den Erkenntnissen und welche nächsten Schritte hält es für angebracht?

Bisher nicht verfolgte, vielversprechende weitere Ideen (Ideenparkplatz)

Sammeln Sie hier alle nicht verfolgten, vielversprechenden Ideen, die Sie auf dem Ideenparkplatz gesammelt haben oder die sich aus den finalen Lösungsskizzen, die nicht ausgewählt wurden, noch ergeben haben.

Appendix

Hier hinterlegen Sie den Link auf Ihre digitale Materiliensammlung.

Lassen Sie uns darüber hinaus anhand der verschiedenen möglichen Sprint-Ausgänge beleuchten, welche Empfehlungen Sie im Dokument zusätzlich für die Weiterarbeit geben können. Bedenken Sie bitte auch immer, dass es keinen schlechten Sprint-Ausgang gibt! In manchen Sprints scheitert Ihr Prototyp kläglich. Dafür haben Sie und Ihr Team aber bewusst das volle Risiko in Kauf genommen, diese eine Idee mit unglaublich viel Potenzial zu testen. Das müssen Sie dann in der Dokumentation im Nachgang auch herausarbeiten. Sie als Sprint Master haben es in der Hand, den richtigen Schlusspunkt hinter den Sprint zu setzen und Ihr Team und das Sprint-Ergebnis in das Licht zu setzen, das es verdient hat.

Der Prototyp und die dahinterstehende Idee fallen bei den Nutzern durch

Auch wenn es erst einmal frustrierend daherkommt: Der Totalausfall ist ein schönes Ergebnis. Erinnern Sie sich noch an all die Euphorie am Sprint-Anfang, wie gut diese Idee wohl den Nutzern gefallen könnte? Wenn Sie vor vier Tagen hätten investieren müssen, wie viel Zeit und Geld hätten Sie, Ihr Team und der Entscheider für die Umsetzung riskiert? Sie haben sich mit Ihrem Sprint viele Ressourcen gespart für etwas, das der Nutzer nicht honoriert und von dem das Unternehmen somit am Ende nur wenig zurückerhalten hätte. Die Enttäuschung wäre sicher um einiges größer als nun nach dem Sprint, in den deutlich weniger investiert wurde. Vor allem hätte Ihr Unternehmen vielleicht immer weiter immer noch mehr Geld hineingepumpt, um die übergroße Erstinvestition zu retten. Arbeiten Sie genau heraus, welche Aspekte beim Nutzer durchgefallen sind und was warum nicht funktioniert hat, wie Sie sich das im Vorfeld theoretisch ausgemalt hatten. Es ist nicht unwahrscheinlich, dass Sie oder ein anderes Team zu einem späteren Zeitpunkt erneut eine ähnliche Herausforderung angehen werden. Dann sollten alle Ihre Erkenntnisse vorliegen und ein anderes Vorgehen mit mehr Erfahrung möglich machen. Beglückwünschen Sie das Team in Ihrer Abschlussdokumentation zu seiner hervorragenden Leistung und Wagnisbereitschaft und heben Sie noch einmal hervor, wie gut Sie durch die wertvolle Arbeit der vergangenen vier Tage Risiken gemildert und Ressourcen geschont haben.

Der Prototyp fällt durch, die dahinterstehende Idee weckt das Interesse der Nutzer

Gelegentlich kommt es vor, dass Ihr Team einen Prototyp so aufsetzt, dass es ihn für intuitiv und leicht bedienbar hält, sich aber im Nutzertest zeigt, dass die Realität und Erwartungshaltung der Nutzer völlig andere sind. Meistens zeigt sich das in der Kapitulation des Nutzers im Interview, indem dieser abbricht und sagt, er verstünde nicht, was er mit dem Prototyp anfangen soll. Der Interviewer versucht dann, den Nutzer aufzufangen, indem er nochmals die Idee und die erwartete Nutzung erklärt. Nutzer wechseln dann häufig in den Helfermodus und geben Ihrem Interviewer und dem Team jede Menge Tipps, mit denen Sie einen Prototyp neu aufsetzen und erneut testen können. In diesem Fall müssen Sie einen weiteren verkürzten Sprint starten, den Sie entweder in der Phase 2 oder der Phase 4 mit dem gleichen Team ansetzen. Holen Sie sich Verstärkung in dem Bereich, in dem Sie offensichtlich im vorangegangenen Sprint zu viele falsche Annahmen getroffen haben, sodass Ihr Prototyp an der Realität vorbeiging. Für uns hat es sich in diesen Fällen bewährt, bei den Abschlussinterviews des neuen Sprints ein bis zwei der Testnutzer erneut einzuladen und mindestens drei Nutzer dabeizuhaben, die vorher noch nie mit dem alten Prototyp und der Lösung in Berührung gekommen sind.

Der Prototyp besteht bei den Nutzern, braucht aber Verbesserungen

Wenn Ihr Prototyp gut bei den Nutzern ankommt, freut sich Ihr gesamtes Team. Es ist einfach befriedigend, wenn das funktioniert, was man in den vergangenen vier Tagen hart erarbeitet hat. Dass ein Prototyp gut ist und Verbesserungen benötigt, ist der häufigste Ausgang eines Sprints. Es ist ratsam, eine kleine Iteration anzuschließen, in der Sie die Anpassungen vornehmen und diese erneut fünf Testkunden vorstellen. Sie können auch noch einmal mit dem Entscheider in die dritte Sprint-Phase und deren Arbeitsergebnisse zurückkehren; als der Entscheider aus den vielversprechenden Ideen auswählen musste. Gab es weitere Lösungen aus dem Team, die man in einer neuen Iteration gleich mit umsetzen und ausprobieren könnte? So können Sie neben der Rückversicherung, dass die angedachten Verbesserungen funktionieren, noch weitere Teilaspekte erhalten, die Ihrem Prototyp mehr Gehalt geben und für die Sie so Feedback bekommen. Sie nähern sich auf diese Weise vom Prototyp ausgehend einem minimalistischen Produkt oder einer einfachen Dienstleistung, dem sogenannten MVP (Minimum Viable Product). Mit dieser »Entwickeln-und-sogleich-Testen«-Schleife können Sie und Ihr Team schnelle Kurskorrekturen vornehmen, bis Sie ein Produkt haben, das Sie binnen Monaten zur Marktreife bringen können.

Der Prototyp begeistert auf ganzer Linie

Gerade bei ausgereifteren Ideen, zu denen kleine Features mit einem Sprint hinzugetestet werden, oder für haptische Produkte und Raumgestaltungen kommt man oft zu begeisternden Ergebnissen. Auch für besonders risikoreiche Vorgehen haben wir schon solche Volltreffer erlebt: Die Nutzer sind hellauf begeistert und fragen, ab wann sie das fertige Produkt oder die Dienstleistung kaufen oder in Anspruch nehmen können. In diesen Fällen sollten Sie schnell sein und mit dem Entscheider den Weg ausarbeiten, mit dem Sie den Prototyp möglichst zügig in ein Minimum Viable Product verwandeln können, um dessen Markteinführung schnell voranzutreiben. Je nach Zielstellung des Entscheiders kann auch eine ausgereiftere Prototypversion erstellt werden, um Investoren zu begeistern. Sie müssen Ihre Sprint-Ergebnisse dann so dokumentieren, dass ein Anwender weiter damit arbeiten kann. In den meisten unserer Sprints sind das Softwareentwickler, die aus dem Prototyp eine echte digitale Anwendung für Kunden entwickeln. Um hier als Sprint Master einen großen Mehrwert zu bieten, sollten Sie Ihre Erkenntnisse in die Sprache der Entwickler überführen. In agilen Projekten sind das sogenannte User Storys. User Storys, übersetzt so viel wie Nutzergeschichten, sind natürlich formulierte Sätze, die die Anforderungen eines Nutzers an eine digitale Anwendung in übersichtliche Einheiten unterteilen, die dann von den Entwicklern umgesetzt werden können. Auf diese Weise werden die Funktionalitäten der Software leichter begreifbar und übersichtlicher. Die User Story ist also die Kommunikationsbrücke zwischen Ihnen, Ihrem Team und Ihren Testkandidaten auf der einen und den Entwicklern auf der anderen Seite. Die Entwickler können Ihre User Storys im Anschluss in ihren Backlog, also den Katalog aller ihrer anstehender Arbeiten, einpflegen, mithilfe des Entscheiders priorisieren und über Akzeptanzkriterien weiter präzisieren. Eine Definition des Abschlusses (Definition of Done) erläutert, wann diese User Story als abgearbeitet klassifiziert werden kann. Ihnen diesen Bestandteil der agilen Entwicklung in Gänze zu erklären, führt an dieser Stelle zu weit. Wir hoffen aber, wir konnten Ihnen das Prinzip verständlich machen. Wichtig ist es, die Formel für eine User Story zu kennen:

»Als <Rolle> möchte ich <Ziel/Wunsch>, um <Nutzen>.«

Eine User Story ist in der Regel nicht länger als zwei Sätze. Ein User-Story-Beispiel am Ende des Sprints zu unserem Schulküchenprojekt könnte also wie folgt aussehen:

Als <Eltern> möchten wir, <dass die Informationen zu den Essen beim Bestellen auch die Nahrungswerte und Inhaltsstoffe ausweisen>, sodass <ich entscheiden kann, ob sich das Essen für mein Kind eignet>.

Akzeptanzkriterien, die die Entwickler dann in Absprache mit dem Team hinzufügen könnten, wären zum Beispiel:

Nahrungszusammensetzung	Nüsse
Energie	Weichtiere
Fett	Krebstiere
davon gesättigte Fettsäuren	Fisch
Kohlehydrate	Soja
davon Zucker	Sellerie
Eiweiß	Milch
Salz	Eier
Allergene	**Definition of Done**
Erdnüsse	Alle Regressionstests bestanden
Gluten	Besteht die Prüfung nach Abnahmekriterien
Sesam	
Senf	Ist in der Lage, das Feature in der Firmendemo zu zeigen
Lupine	
Sulfite	

All diese Schritte sind dann nicht mehr Ihre Aufgabe, wohl aber weiterhin das Projekt Ihres Teams. Sie als Sprint Master übergeben aus dem Bereich des Kunden (im Englischen »Customer«, abgekürzt als Cust) in den Bereich der Entwicklung (im Englischen »Development«, abgekürzt als Dev), bevor Ihr Produkt dann auf dem Markt bestehen muss (also in Betrieb ist, im Englischen »Operations«, abgekürzt als Ops). Sie finden dies in der Grafik unten verbildlicht: dem CustDevOps-Modell. Sie erkennen darin, wie sich bei diesem Vorgehen alle Prozessschritte immer wieder aufs Neue nacheinander vollziehen und zu einer stetigen Weiterentwicklung des Produktes führen. Der Kunde mit seiner Meinung und der Service für ihn sind dabei ständiger Begleiter auf dem gesamten Weg. Ein nahtloser Übergang zwischen den einzelnen Schritten ist dabei äußerst wichtig.

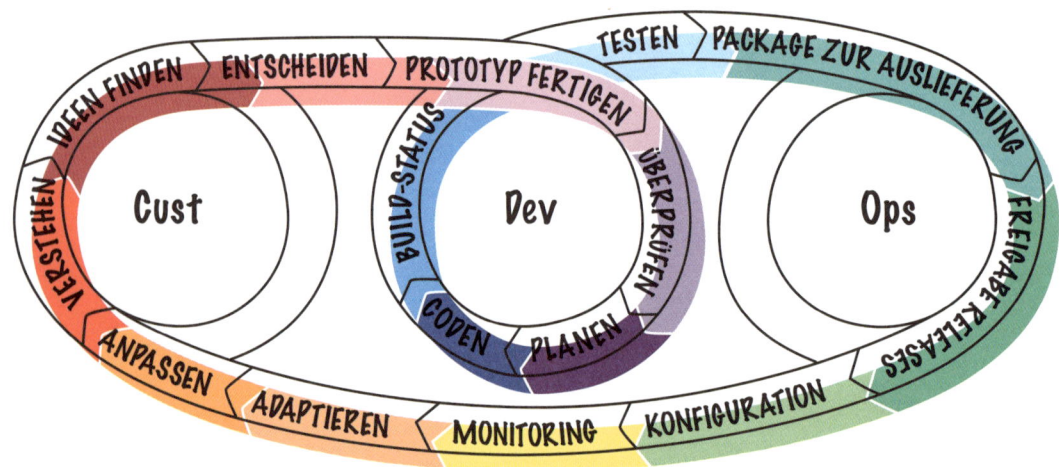

So sehen die immer wieder nacheinander vollzogenen Produktentwicklungsphasen unserem CustDevOps-Modell folgend aus, bei denen an jeder Stelle der Nutzer im Mittelpunkt der Bemühungen des Unternehmens und seiner Mitarbeiter steht.

Das Ende

Mit der fertigen Abschlussdokumentation endet für Sie als Sprint Master Ihr Design Sprint. Je mehr Sprints Sie durchführen, desto weniger werden Sie in der Struktur unserer Stundenpläne verharren und desto freier werden Sie Ihre Sprints gestalten. Bringen Sie sich mit Ihren Erfahrungen in die weltweiten Diskussionen rund um die Methode ein und probieren Sie die vielen Verbesserungsideen von Sprint Mastern auf der ganzen Welt aus. Wir würden uns freuen, wenn unser Buch Ihre Arbeitsgrundlage über viele Jahre bleibt und Sie uns an Ihren Erfahrungen teilhaben lassen, damit auch wir beständig weiterlernen.

5 Abschließende Tipps über alle Sprint-Phasen hinweg

In jedem Sprint passieren unverhoffte Ereignisse, auf die Sie als Sprint Master reagieren müssen. Aus unserer Erfahrung geben wir Ihnen im letzten Kapitel noch einige weitere Tipps, die sich nicht auf einzelne Phasen, sondern den gesamten Sprint beziehen. Diese zusätzlichen Hinweise sollen Ihnen das Sprinter-Leben weiter erleichtern. Wir hoffen, Sie können von beidem profitieren.

- **Anpassen des Design Sprints auf die jeweilige Situation:** Sie kommen mit dem von uns im Detail ausgeführten Design-Sprint-Vorgehen sehr gut durch alle Ihre Sprints. Sie werden aber merken, dass Ihre Erfahrung Sie in jedem Sprint besser werden lässt – und experimentierfreudiger. Ignorieren Sie Ihr Bauchgefühl nicht und wagen Sie den Versuch. Sie erkennen mit zunehmender Erfahrung, bereits wenn Sie den Sprint Brief schreiben, inwieweit Sie einzelne Prozessschritte ausweiten, verkürzen oder durch weitere Übungen ergänzen könnten. So hat z. B. die Entwicklung eines völlig neuen Produktes auf einem unbekannten Markt andere Anforderungen an die erste Phase »Verstehen« als die Generalüberholung eines jahrzehntelang am Markt etablierten Dauerbrenners. Google selbst versucht seit geraumer Zeit, das Design-Sprint-Konzept auf verschiedene Szenarien maßzuschneidern. Bisher sind daraus mehr oder weniger konkrete Konzepte der Stoßrichtungen Visions Sprint, Marken-(Branding-)Sprint, Strategie-Sprint, Voice-Produkt-Sprint, Hardware-Sprint, Digitalprodukt-Sprint, Moonshot Sprint und Service-Sprint herausgekommen. Uns haben weder die Kategorisierungen noch die dazugehörigen Verfeinerungen einen echten Mehrwert geboten. Wir sind der Überzeugung, Sie kommen besser voran, wenn Sie sich Tricks und Kniffe aneignen, die es Ihnen in den jeweiligen Sprint-Phasen ermöglichen, Ihr Team optimal zu unterstützen, ganz gleich, welchen Gegenstand Ihr Design Sprint genau hat. Alles ist möglich, zunächst müssen Sie sich als Sprint Master aber Klarheit verschaffen, warum Sie etwas verändern und anpassen und was Sie damit erreichen wollen.

Nur vor einer Veränderung warnen wir bei aller Flexibilität des Frameworks ganz deutlich: Wir haben Sprints gesehen, in denen sich die Teams das anstrengende und im Vergleich zeitintensive Prototyperstellen sparen wollten. Man hatte schließlich alles in voller Breite ausgearbeitet. Was sollten da die Nutzer noch hinzufügen? Machen Sie das bitte nicht. Diese Haltung ist anmaßend und in der Regel projektschädigend. Sie bringen sich damit um sämtliche Erkenntnisse, die Ihnen Ihre Testnutzer am letzten Tag mit auf den Weg geben. Eine gute Theorie ausgearbeitet zu haben ist praktisch, aber nicht gleichbedeutend mit der Praxis. Sie werden über den Prototyptest *immer* Erkenntnisse gewinnen, die nicht von Ihnen in dieser Form vorausgesehen wurden. Alles, worauf ein Sprint hinarbeitet, sind die User-Tests am Ende. Erst diese vollenden Ihren Sprint, prüfen die Richtigkeit Ihrer zugrunde liegenden Annahmen und liefern Antworten auf die Sprint-Fragen.

- **Personelle Verstärkung:** Einen Sprint allein zu moderieren ist sehr kräftezehrend, besonders wenn Sie noch unerfahren sind und keine Routine in den Sprint-Phasen entwickelt haben. Wenn Sie können, bitten Sie einen Kollegen, Sie zu unterstützen und zum Beispiel die Dokumentation am Ende jeder Übung mit der Kamera zu übernehmen. Sie können sich so voll und ganz auf den Sprint konzentrieren und haben nebenbei nicht nur die Dokumentation der Arbeitsergebnisse abgegeben, sondern auch noch jemanden, der Ihnen Feedback zu Ihrer Moderation geben kann. Vielleicht kann derjenige auch ein paar weitere Bilder aufnehmen, die Sie als zusätzliche Eindrücke später in die Dokumentation für das Team einfließen lassen können.

  Wenn Sie aus Kosten- oder Personalgründen diese Art der Verstärkung nicht haben können, machen Sie ein Teammitglied zu Ihrem Moderationshelfer und bitten es um die Dokumentation. Achten Sie außerdem in einigen Übungen wie der Customer Journey Map oder dem Storyboard darauf, dass ein Teammitglied das Zeichnen und Aufnehmen der Ideen übernimmt und Sie einen Moment verschnaufen können. Sie geben dann Ihre Hilfestellung von außen, stehen aber nicht selbst vor dem Whiteboard und schreiben und zeichnen. Auch bei der Speed Critique verteilen Sie die Vorstellungen der Skizzen an die anderen Teammitglieder, um Ihre eigenen Kräfte zu schonen.

Versuchen Sie außerdem, die gesamte Verpflegung mit Essen und Getränken an einen Kollegen zu delegieren, der sich um das leibliche Wohl des gesamten Sprint-Teams inklusive Ihrer Person kümmert. So können Sie diese täglichen To-dos von Ihrer Liste streichen und müssen nicht nebenbei noch den streikenden Kaffeeautomaten zur Weiterarbeit motivieren. Sie haben mit Ihren Teammitgliedern schon genug Verantwortung auf Ihren Schultern.

- **Teamdynamiken:** Sie können sich während des gesamten Sprints gut an der strengen Abfolge der Übungen entlanghangeln. Sie haben so eine feste Basis, von der aus Sie sicher arbeiten können. Das ist das Gute. Die Schwierigkeit: Sie sind voll und ganz abhängig von den Arbeitsergebnissen Ihres Teams. Damit das für Sie eine schöne Herausforderung bleibt und nicht zum unkalkulierbaren Risiko wird, sollten Sie sich darauf einstellen, dass nicht immer alle Sprint-Teammitglieder gleich euphorisch und konstruktiv mitarbeiten. In unseren ersten Sprints haben wir auch noch gedacht, dass doch alle ein Interesse daran haben sollten, dass man zusammen ein brillantes Ergebnis erreicht. In der Mehrzahl der Sprints ist das auch so. Es gibt aber immer wieder Teams, in denen es abseits des Sprints eine versteckte Agenda und Dynamiken gibt, die sie nicht kennen, aber sofort spüren werden. Daher ist unser allererster Rat: Wenn Sie Ihr Team noch nicht kennen, nutzen Sie die ersten Übungen und beobachten Sie genau, wer wie agiert und reagiert – und auf wen. Versuchen Sie, die einzelnen Mitglieder realistisch einzuschätzen. Denn es liegt in Ihren Händen als Sprint Master, alle gleich zu fordern und zu motivieren.

Jeder muss sich absolut wohlfühlen, um sein Bestes zum Sprint-Ergebnis beizutragen. Wir sind darauf am Anfang des Buches schon eingegangen und betonen es noch mal: Achten Sie auf die Zwischentöne, betätigen Sie sich als Amateurpsychologe. Es wird Ihnen helfen. Konzentrieren Sie sich dabei auf das Positive, die Stärken der Teilnehmer. Halten Sie sich nicht mit den charakterlichen Schwächen oder unzulänglichen Fertigkeiten auf. Sie werden Ihr Team vier Tage lang nicht tauschen können. Nehmen Sie es also an wie die Familie Ihres Partners: mit wohlgesonnener Offenheit für alle individuellen Besonderheiten. Design Sprints profitieren enorm von unterschiedlichen Personentypen. Erst dann können sich Kompetenzen ergänzen und der Sprint ist erfolgreich. Vergessen Sie nicht: Meistens kommen in einem Sprint Teammitglieder zusammen, die vorher noch nie zusammengearbeitet haben, einander also persönlich wie den Arbeitsstil betreffend kaum kennen. Konflikte entstehen meistens aufgrund unterschiedlicher Arbeits- und Kommunikationsstile der zusammengewürfelten Teammitglieder, aus denen auch verschiedene Erwartungshaltungen aneinander resultieren. Wenn Sie verstehen, wie jedes einzelne Teammitglied normalerweise arbeitet, verstehen Sie auch, wen Sie mit dem Sprint-Vorgehen aus der Komfortzone locken oder im ersten Moment vielleicht sogar überfordern. Passen Sie Ihre Kommunikation an und versuchen Sie, mit den individuellen Eigenheiten umzugehen. So können Sie Konflikte mit Ihrem Agieren als Sprint Master genauso wie mit anderen Sprint-Mitgliedern ausräumen, bevor diese überhaupt entstehen.

Andererseits scheuen Sie sich auch nicht, ein Teammitglied in einer Pause beiseite zu nehmen und zu fragen, was genau ihn oder sie daran hindert, positiv zum Sprint beizutragen, wenn das nötig ist. Manchmal wirkt ein offenes Gespräch Wunder. Wenn alles nichts nützt und Sie merken, dass Ihr gesamtes Sprint-Team unter dem negativen Einfluss eines Teammitglieds leidet, bitten Sie den Entscheider um ein klärendes Gespräch und eine Aussage, wie Sie am besten weiter verfahren. Wir sind in einem Sprint leider schon einmal an diesem Punkt gewesen. Nach einem Gespräch hat das Teammitglied zwar seine Störungen eingestellt, zur gewinnbringenden Mitarbeit konnten wir es trotzdem nicht bewegen. Das war auch für uns als Sprint Master enttäuschend und fühlte sich nach Versagen an. Da aber auch wir nur Menschen sind, gibt es manchmal Grenzen, die sich in vier Sprint-Tagen nicht überwinden lassen. Seien Sie also versichert: Auch in einem gut konzipierten und geplanten Sprint gibt es Dinge, die Sie nicht leisten können. Lassen Sie sich dadurch den Spaß am Projekt nicht nehmen und streben Sie weiter danach, Ihr Team wirklich zu verstehen und Unterschieden zwischen den Teammitgliedern mit gegenseitigem Respekt zu begegnen, um produktiv und erfolgreich zu sein.

- **Ein zurückhaltender oder wankelmütiger Entscheider:** Wenn Sie über Sprints lesen, gibt es viele Empfehlungen, wie viel Zeit ein Entscheider wirklich im Sprint anwesend sein muss und wie viel Freiräume er aufgrund seiner wichtigen anderen Termine und Tätigkeiten bekommen sollte. Wir haben uns dazu schon eingangs positioniert. Wovon Sie aber wenig lesen, ist ein Entscheider, der sich nicht entscheiden kann oder will und auf demokratische Prinzipien zurückgreift. Oder aber eigene Entscheidungen im nächsten Schritt wieder infrage stellt. Wir sagen es Ihnen direkt: Das gibt es öfter, als Sie vielleicht vermuten, und für Sie als Sprint Master ist es ein Horrorszenario. Ihr ganzer Sprint fußt darauf, dass Sie immer wieder aus einer im Team erzeugten Fülle von Lösungsideen auswählen und erst auf Basis dieser Auswahlentscheidung den nächsten Schritt angehen. Für diese Auswahl müssen

Sie dem Team eine Begründung geben, die häufig ihren Ursprung in einer übergeordneten Unternehmensstrategie hat. Und diese kann sich nicht immerzu ändern. Wenn Sie diese aber nicht stringent verfolgen, dann beginnen Sie sich während des Sprints sofort im Kreis zu drehen und zu längst entschiedenen Punkten wieder zurückzukehren, für deren erneute Diskussion mit den gleichen Argumenten Sie aber nicht die Zeit haben. Das Gleiche gilt für demokratieaffine Entscheider: Sobald dem Team in seiner Mehrheit die Entscheidung überlassen wird, fallen die Ansprüche des Unternehmens, also des Business, häufig unter den Tisch. Jemand muss auf die Balance zwischen Technologie, Business und Wünschbarkeit rigide achten. Möchte ein Kunde dieses Angebot überhaupt haben? Kann ein Unternehmen damit Geld verdienen und sich am Markt halten? Kann die Technologie das Angebot überhaupt gewährleisten und wenn ja zu einem bezahlbaren Aufwand? Sobald Sie merken, dass Ihr Entscheider keine klare Linie vertritt, bitten Sie ihn in einer Pause an Ihre Seite und schauen Sie mit ihm gemeinsam auf die Herausforderung und das langfristige Ziel. Bestärken Sie ihn darin, seiner Rolle als Entscheider [Vertreter der Interessen des Unternehmens] gerecht zu werden. Und sorgen Sie dafür, dass der Entscheider dem Team gegenüber als mitreißender Kapitän auftreten kann und nicht als herrschsüchtiger Tyrann wahrgenommen wird.

- **Feedback einholen:** Als allerletzten Tipp möchten wir Ihnen einen Rat für Ihre eigene Rolle mitgeben: Auch Sie werden während und insbesondere nach dem Sprint mit sich in die Retrospektive gehen müssen und überlegen, was Sie gut gemacht haben und was besser hätte laufen können. Bemühen Sie sich dabei offen um das Feedback Ihres Teams, denn meist ist es schwer, neben der Moderation des Prozesses und der Unterstützung Ihres Teams auch noch kritisch auf die eigene Performance zu achten. Wir haben in unseren Sprints irgendwo im Flur oder in der Nähe der Kaffeemaschine oder neben der Toilette immer einen Platz für ein Whiteboard gefunden, auf das wir zu Beginn des Sprints in großer Schrift das Wort Feedback und eine Sonne sowie einen Blitz malen. Teilnehmer können dann in einem ungestörten Moment hier ihre Wertungen abgeben und müssen nicht direkte Kritik üben. Es gibt immer Punkte, die man nicht in der Gruppe und nicht dem Sprint Master direkt ins Gesicht sagt, aber irgendwie doch gerne loswerden möchte. Dieses anonymisierte Feedback ermöglicht Ihnen außerdem, einige Kritikpunkte schon während des Sprints zu verbessern und damit zur Zufriedenheit des Teams und letztlich zum Erfolg des Sprints beizutragen.

6 Credits und Literatur

Wir können Sie zuversichtlich stimmen, auch wir haben unsere Sprints auf der Lektüre eines Buches aufgebaut: »Sprint: How to Solve Big Problems and Test New Ideas in Just Five Days« von Jake Knapp war die Grundlage, auf der wir unsere ersten Erfahrungen gemacht haben. Viele Informationen aus dem Buch und nützliche Tipps zum Weiterlesen finden Sie auf der Website zum Buch (*thesprintbook.com*). Weitere Übungen, mit denen sich Sprints auflockern oder auf unterschiedliche Bedürfnisse des Sprint-Teams anpassen lassen, haben wir mit dem auf digitale Produkte ausgerichteten Buch »Design Sprint. A Practical Guidebook for Creating Great Digital Products« von Richard Banfield, C. Todd Lombardo und Trace Wax kennen- und ausprobieren gelernt.

Sobald Sie selbst einige Sprints durchgeführt haben, lohnt es sich, regelmäßig auf Googles Sprint-Webseite (*gv.com/sprint/*) vorbeizuschauen und die neuesten Entwicklungen zu verfolgen. Seien Sie aber gewarnt: Wenn Ihnen etwas gefällt, speichern Sie es sich ab, denn es kann schon mal sein, dass Google alle Templates der vergangenen Veröffentlichung aus dem Netz nimmt, und Sie finden nun nur noch die neuen Vorlagen, zum Beispiel Templates für dreitägige Produkt-Sprint-Vorgehen.

Jede Menge weitere nützliche Ressourcen erhalten Sie auf (*designsprintkit.withgoogle.com*), auf denen ebenfalls regelmäßig Aktualisierungen des Frameworks vorgenommen werden. Lassen Sie sich hier nicht von allen Änderungen mitreißen, die gerade bei Google ausprobiert werden. Einiges kann auch nach kurzer Zeit sang- und klanglos wieder verschwunden sein. Es wird eben als Prototyp ausprobiert und auch verworfen. Finden Sie für sich die richtigen Impulse und integrieren Sie diese in Ihre Sprints.

Wir selbst sind außerdem auf der jährlichen Google-Sprint-Konferenz vertreten, um vom Austausch mit Sprintern weltweit neue Ideen und Hacks zu übernehmen oder selbst zu entwickeln. Wenn Sie nicht teilnehmen können, verfolgen Sie doch die vielen Social-Media-Beiträge rund um die Konferenz. Es sind immer wieder interessante Denkanstöße dabei. Weitere Inspiration erhalten Sie auch über Beiträge in Googles Sprint-Bibliothek (*library.gv.com*) und über Veröffentlichungen via Medium auf *sprintstories.com*.

Einige Tricks und Kniffe haben wir allerdings nicht aus Büchern, sondern von anderen exzellenten Sprint Mastern bekommen: Ein Kurs bei AJ&Smart in Berlin hat uns die Augen geöffnet, wie wir mit der User-Testflow-Übung das Storyboarding deutlich vereinfachen und die Diskussionen im Sprint-Team verkürzen können. Und das Team der Design Sprint Academy hat uns geholfen, einen genaueren Blick auf die Psychologie, Typologie und Gruppendynamik in einem Sprint-Team zu werfen.

Außerdem sind wir treue Leser des Ideo-Blogs (*designthinking.ideo.com*), des Invision-Blogs (*invisionapp.com/inside-design/*) und Jake Knapps Sprint Storys bei Medium (*medium.com/@jakek*). In letzteren beiden haben wir über die Note-&-Map-Übung von Stéphane Cruchon gelesen, die mit den Prinzipien des Sprints die Customer-Journey-Map-Gestaltung für das Team erleichtert und die wir seitdem ebenfalls in unseren eigenen Sprints leicht abgewandelt nutzen. Erwähnen müssen wir auch noch Lindy Borgmann, eine Sprinterin, der wir das Akronym »Elmo« für Diskussionsunterbrechungen verdanken.

Bleiben Sie aufmerksam und lesen Sie regelmäßig zum Thema Design Sprints und besuchen Sie Meetups wann immer und wo immer Sie können. Schreiben und veröffentlichen Sie selbst regelmäßig zu Ihren Erfahrungen, um in den Austausch mit anderen Sprint Mastern zu kommen. Wir danken Ihnen für Ihr Vertrauen und dass Sie bis hierhin unseren Ausführungen gefolgt sind.

Ansgar Gerling · Godehard Gerling

Der Design-Thinking-Werkzeugkasten

Eine Methodensammlung für kreative Macher

2018
160 Seiten
komplett in Farbe, Klappenbroschur
€ 16,95 (D)

ISBN:
Print   978-3-86490-589-6
PDF   978 3 96088-516-0
ePub   978-3-96088-517-7
mobi   978-3-96088-518-4

Design Thinking ist eine Methode, die bei der Neuentwicklung von Produkten und Services hilft, die wirklichen Kundenprobleme zu identifizieren und innovative Lösungen für diese zu finden.

Die Autoren beschreiben kompakt und praxisnah den Design-Thinking-Prozess in sechs Phasen. Sie geben dem Leser einen strukturierten und für die tägliche Arbeit nützlichen Werkzeugkasten an die Hand. Die konkret beschriebenen Anleitungen für den gesamten Projektverlauf – von der Zusammenstellung des Teams bis zum Testboard für das Management von Prototypen-Tests – erleichtern die Entscheidung für das richtige Werkzeug zur richtigen Zeit. Außerdem wird ein erster Eindruck vermittelt, wie eine mit Design Thinking gewonnene und am Kunden validierte Idee in ein erfolgreiches Geschäftsmodell überführt werden kann.

Dieses Buch eignet sich für jeden, der ein grundlegendes Verständnis von Design Thinking hat und eine einfache und sehr praxisnahe Einführung in Methoden und Tools sucht.

dpunkt.verlag
www.dpunkt.de